U0157701

大型医疗项目业主方
前期项目管理

深圳市坪山区建筑工务署
浙江江南工程管理股份有限公司　编

黄沛锋　吴仲兵　张　聪　　主编

中国建筑工业出版社

图书在版编目（CIP）数据

大型医疗项目业主方前期项目管理 / 深圳市坪山区建筑工务署，浙江江南工程管理股份有限公司编；黄沛锋，吴仲兵，张聪主编 . —北京：中国建筑工业出版社，2022.3

ISBN 978-7-112-27061-3

Ⅰ．①大…　Ⅱ．①深…②浙…③黄…④吴…⑤张…　Ⅲ．①医院—建筑工程—工程项目管理　Ⅳ．① TU246.1

中国版本图书馆CIP数据核字（2021）第270339号

项目前期管理是建设工程项目管理的重要组成部分，众多项目的实践证明，科学、严谨的项目前期管理策划是项目管理决策和实施增值的基础。

本书包括 12 章内容，涉及项目组织策划、项目前期管理策划、设计管理策划、进度管理、报批报建管理、招标管理、合同管理、投资管理、信息与档案管理、会务管理和施工准备阶段管理的内容、结语。

本书结合某 2000 床医院的项目前期管理实践，对大型医疗项目业主方前期管理工作进行了详细的总结，希望对提高同类型项目建设品质和效率方面起到积极的作用。

责任编辑：周方圆　封　毅
责任校对：李美娜

大型医疗项目业主方前期项目管理

深圳市坪山区建筑工务署
浙江江南工程管理股份有限公司　编

黄沛锋　吴仲兵　张聪　　主编

*

中国建筑工业出版社出版、发行（北京海淀三里河路9号）
各地新华书店、建筑书店经销
北京点击世代文化传媒有限公司制版
天津翔远印刷有限公司印刷

*

开本：787毫米×1092毫米　1/16　印张：15¼　字数：295千字
2022年3月第一版　2022年3月第一次印刷
定价：**68.00**元
ISBN 978-7-112-27061-3
　　　（38873）

本书编委会

编委会主任： 黄沛锋　吴仲兵　张　聪

编委会副主任： 邹学望　周桃红　李　春　黄子辰　赵建恩
　　　　　　　　彭梓枚　郭　佳　卢维能　朴英俊　颜庆虎

编写组成员（排名不分先后）：

陈贵涛　钟恒东　李伟炎　阚玉婷　邹恩典

蔡文杰　薛钢宏　李宗伟　陈煜健　吴红梅

尹文菊　胡丽丹　彭冠露　魏鸿盛　朱永振

刘建国　陈绎亚　张　强　郭洋洋　刘晓乐

干志伟　田学军　李根海　宋建龙　吴园园

郑海智　徐健超　韦　浩　谢伟健　张瀚木

邢邦宝　陶升健　吴延升　王翌明　范金诚

序
PREFACE

　　医疗是现阶段全社会广泛关注的民生问题，政府投资建设的公立医院更是我国医疗服务体系的主体。从近年来我国医院建设的组织模式来看，不管是医院使用方自行建设，亦或是由政府投资管理机构代建，都普遍存在医院建设管理人才的不足和建设经验积累的问题，项目前期功能定位也不甚清晰，设计成果深度和质量更是需要加强，建设程序也需要科学定位和梳理。这些问题都会造成医疗项目整体建设周期长、施工过程拆改多、投资超概等情况的发生。如何在项目前期阶段解决掉这些问题，在最大限度上减少不必要的投资和损失，最终建设高质量医疗建筑，是政府投资建设的医院业主方项目管理的核心。

　　医疗项目前期管理的首要任务是项目业主方结合城市规划和片区功能的前提下，构建项目意图、明确项目目标。其次是针对项目意图，再明确医疗项目的定义、功能和规模，并构建项目的质量、投资和进度的目标。

　　本书是以政府投资建设的大型医院案例的经验总结出发，并融合专业化、高效率、高品质的全过程设计管理，达到医疗工程建设的高质量发展的目标，对充分发挥政府投资效益，实现项目全生命周期的社会价值起到重要作用。

中国工程院院士

全国工程勘察设计大师

梁思成奖获得者

深圳市建筑设计研究总院有限公司总建筑师

前 言
FORWARD

随着我国医药卫生体制改革的不断深入，中央及地方政府加大对医疗机构，尤其是基层卫生医疗机构建设的投资，我国新建医疗建筑市场规模将逐步扩大。此外，新建医疗建筑很多是集门诊、医技、病房、科研、办公、后勤供应等多种功能于一身的综合体，单一功能的建筑已很少。同时，由于建设标准的提高，医疗建筑的规模和面积也在增长，出现了十万平方米以上的单个建筑，甚至几十万平方米的医疗建筑乃至医疗城。

为加快城市医疗基础设施建设，建成一流的医疗建筑，尤其是政府工程必须要实现高质量建设，建立一流的建设管理体制、机制与模式是关键，才能将政府工程打造成为有品质、有水平、有特色的一流建筑工程，以展现的活力、魅力和影响力。

项目前期工作中的设计是工程建设的灵魂，对于充分发挥投资效益、实现项目全生命周期的增值起着关键作用。为推动政府投资项目前期管理品质，以专业化、高效率、高品质的设计全过程管理助力政府工程建设高质量发展，是本书的研究主旨，也是需要今后不断深入探索与实践的永恒课题。

本书以业主方在大型医疗项目前期建设阶段采取的精细化项目管理手段出发，通过总结、分析、研究提出相关建议和意见，为同类型医疗建筑投资决策科学、医疗功能定位清晰、设计效果优化、工程品质提升等提供借鉴。

本书参编人员包括政府投资建设管理机构领导、项目主管工程师、各部门员工以及全过程工程咨询服务单位的相关专家、工作人员，本书内容既有理论基础，又有较高的可实施性、可操作性，可广泛应用于大型医疗建筑业主方前期各项管理工作的开展，提升业主方前期项目管理成效。

由于本书编制时间紧、作者水平有限，书中内容如有不足之处，衷心期待各位专家、学者及广大读者提出宝贵意见和建议，以便再版时改正修订。

目 录
CONTENTS

第 1 章 Chapter 1
医疗项目建设组织策划

通过分析近年来政府投资建设的医疗项目的组织模式来看，其主要形式有两种：第一种是医院方自行组织建设，但由于医院后勤基建处缺乏工程建设相关专业人才，对工程建设各阶段的流程不熟悉，同时前期设计不充分，导致施工过程中变更多，最终会造成医院整体建设周期长、超投资等情况，甚至会发生腐败问题；第二种是采取国际惯例的代建制，即对于政府投资工程中的非经营性医疗项目采取专业化的集中管理，由政府投资工程管理中心充当业主地位，负责政府投资工程管理职能，该模式可以充分发挥代建单位工程建设方面的专业技术能力，使政府投资工程超标准、超规模、超概算等现象得到严格控制，建筑品质明显提升，建设管理成本有效降低，腐败行为得到明显遏制。

本书以《中共中央 国务院关于深化投融资体制改革的意见》为指导，按照"投资、建设、管理、使用"彼此分离、相互制约原则，以政务透明、政策公开、强化监督为基本要求，进一步研究政府投资项目代建管理制度为主旨，希望建立健全科学、规范、严谨、透明的政府投资决策程序和组织程序，以建管分离优化部门职能、以专业管理促进质量提升、以市场竞争促进投资节省、以有效制约遏制腐败发生，不断提高政府投资项目建设管理水平和投资效益。

1.1　前期项目管理各项工作内容

1.1.1　项目策划管理工作

在政府投资工程管理中心正式接收项目后，应通过调查研究和收集资料，在充分占有项目前期信息的基础上，来编制项目前期策划，针对项目的决策和实施，进行组织、管理、经济和技术等方面的科学分析和论证。项目前期策划应能指导整个设计阶段管理工作，通过对项目特点、性质的分析，提出切实可行的设计、质量、进度、投资等管控要点及措施。

1.1.2　质量管理工作

项目前期管理过程中的核心内容，以设计质量管理为重点，同时包含勘察、可行性研究报告、概算等质量管理内容。前期质量管理以满足最终用户需求为目标，贯彻全生命周期理念，通过质量控制，实现安全适用、建筑美观、功能完备的效果，最终满足使用单位使用和运营需求。

1.1.3　进度管理工作

对影响建设项目前期管理工作进度的各种因素进行调查分析，通过项目前期工作进度计划的编制、进度计划的执行与监督、进度预警、进度计划的调整，以确保项目前期各阶段工作始终按计划进行，最终实现项目前期工作的进度目标。

1.1.4　报批报建管理工作

主要内容为：项目前期经费下达、建设用地规划许可证、土地使用权出让合同、项目环评审批、项目方案设计审查、项目初步设计审查、各专项图纸审查工作、建筑工程施工许可证等前期手续办理等工作。

1.1.5　招标管理工作

设计招标主要包含设计方案及设计团队招标。

除设计招标外，项目前期涉及的招标工作还包括为完成项目建设所需的勘察、施工图审查、设计监理、医疗工艺专项咨询、环境影响评价、项目管理（或全过程工程咨询）等服务。

1.1.6　投资管理工作

通过项目可行性研究报告编制、方案设计和初步设计三个阶段开展投资管理，主要以积极的成本计划思想综合分析项目的估算及概算经济目标，对项目进行多方案技术经济分析的经济评价，达到合理的投资管理。

1.1.7　合同管理工作

编制并管理合同标准文本，合同审查，处理合同纠纷，处理合同变更、解除或终止，协助办理合同结算及审计，合同文件的收集、整理、分类归档等，全面把控合同履行的进度、质量、深度等内容，牵头处理合同争议，进行履约评价，对合同条款提出修改意见与建议、协助办理合同结算及审计。

1.2　项目内部机构设置

项目建设管理机构在项目前期的主要职责包括负责政府投资建设工程项目的资金管理、前期审批事项报批、招标投标管理、预决算和投资控制管理，根据成熟的代建管理经验，应设置如下部门机构。

1.2.1 综合部

负责行政、文秘、机要保密、人力资源、财务、党务、纪检、宣传、督办、后勤、安全、档案、信访、信息化、建议提案办理等工作。

1.2.2 计划财务部

负责财务管理制度的制订、编制年度财务预决算，负责基建财务管理与核算、项目资金管理、核付项目资金，监督项目资金使用状况、项目决算、项目资金的落实，配合各类审计工作。

1.2.3 招标合约部

负责项目勘察、设计、全过程工程咨询等相关服务类招标管理工作，负责项目可行性研究报告（修编）、概算（备案）编制审核与申报及设计阶段成本控制管理、前期投资计划申报管理等工作，负责项目前期合同管理工作，负责项目合同履约评价等工作。

1.2.4 技术督导部

负责设计资源开拓与整合工作，项目设计技术与管理的宣传、交流与培训工作，组织设计、技术与管理类标准、指引的制定等工作，组织技术课题的研究工作，负责新技术应用及管理，组织设计品质管控工作。

1.2.5 前期管理部

负责项目的可行性研究、方案设计、初步设计、施工图设计等设计管理工作，负责项目招标投标、前期报建报批进度管理、设计质量管控等工作，负责设计、技术与管理类标准、指引的制定等工作。

1.2.6 施工管理部

负责项目实施全过程的施工管理，配合项目前期部、合同预结算部等部门进行项目预算编制和施工图定稿，负责监理招标、施工招标和合同签订的启动工作，负责项目的全过程投资控制工作，确保不超项目总概算，配合技术管理部做好工程变更的相关工作，全面负责工程开工前的准备及审查工作，协调承包商、监理、设计及相关单位之间的关系，并负责对承包商、监理等单位的管理工作，协调项目施工红线范围内给水、电力和通信等管线迁改工程的现场管理工作,配合技术管理部确定迁改方案工作,负责工程管理过程中的文件、资料收集分类整理工作,负责工程竣工验收及移交工作,配合合同预结算部进行工程结算工作,负责协调征地拆迁、质监、安监等相关工作。

1.3 项目前期管理体系

1.3.1 决策

（1）机构领导办公会

讨论决定机构内工作中重大事项的决策性会议,是行政管理的最高决策机构。对需要审议的事项,由机构领导在集体讨论的基础上进行决策,行使决策权。

（2）专业决策会

1）招标、采购、合约会议

①招标决策

a. 招标项目的招标方案;

b. 预选招标的招标方案及相关事项;

c. 其他重要招标投标事项。

②合同履约评价决策

a. 审定季度、年度、最终履约评价结果;

b. 审定履约评价投诉的调查处理结果;

c. 审查履约评价管理制度和评价细则;

d. 落实机构领导办公会议关于履约评价的相关决议。

2）技术管理会议

①工程技术管理及决策

a. 审议工程技术发展方向及实施路线计划、工程技术管理规章制度,报机构领导办公会;

b. 审议工程技术标准、指引、课题的立项、成果验收和发布事项;

c. 审议新技术、新工艺推广和应用事项;

d. 审议其他技术管理事项。

②工程变更管理及决策

a. 审议工程变更管理规章制度,报机构领导办公会;

b. 审议工程变更,其中重大变更报机构领导办公会;

c. 审议其他工程变更事项。

③设计招标决策

a. 重要项目认定；

b. 审定房建项目设计方案招标资格预审入围单位；

c. 审议重要项目设计方案招标的中标候选方案。

3）材料设备管理会议

对机构内建设项目选用的材料设备管理包括：

①审议材料设备管理规章制度和工作计划；

②审议加强材料设备管控的重要措施；

③审议非常规性材料设备品牌；

④审议材料设备品牌质量问题处理意见；

⑤审议材料设备参数、标准等；

⑥审议招标文件中非品牌库内材料设备品牌的选用；

⑦审议有关材料设备管理的其他事项。

4）项目策划管理会议

①审议项目的策划方案，策划方案分为统筹方案（包括建设模式、分配、质量目标）、前期策划方案（包括总体定位、建设标准、设计招标方案）和实施策划方案（包括总工期目标、关键节点工期目标、监理和施工招标方案）三部分；

②审议项目总结和项目后评价报告；

③认为需要研究的其他事项。

1.3.2 技术支撑

主要职责如下：

1）主持项目方案、初设、重大设计修改等各设计阶段的成果评审工作。

2）主持项目各专项技术评审工作，包括基坑支护、基础选型、幕墙、隔震、绿建、工业化及海绵城市等。

3）解决各项目出现的技术难点问题，为各部门提供专业技术指导和支持。

4）承担技术管理制度的编制工作，负责机构内技术标准、技术指引、课题研究等技术文件的审核工作。

5）组织专业技术培训、经验交流活动，推动机构内人员专业化管理水平的不断提升。

6）组织或参与专业技术评审，包括图纸、技术文件、招标文件、现场样板、材料设备品牌库、设计变更、造价和经济审查、"四新"技术推广应用等。

7）按要求参与课题研究，参与编制技术标准、技术指引等技术文件。

8）完成机构内的其他专业技术工作。

1.3.3　监督

（1）建设行政主管部门

住建部门：建筑工程前期阶段各项招标公开公正。

审计部门：监督合同、结算。

财务部门：监督工程款的支付。

（2）纪检部门

监督党政廉洁纪律等工作。

1.4　外部单位工作关系

1.4.1　使用单位

医疗：卫健委、医院等。

1.4.2　外部委托单位（表 1-1）

表 1-1

序号	工作内容	项目前期工作涉及事项
1	工程勘察	项目初勘、详勘
2	工程设计	项目方案设计、初步设计、施工图设计
3	工程咨询	可研报告编制、环评报告编制、造价咨询、全过程工程咨询等

1.4.3　行政主管部门（表 1-2）

表 1-2

序号	单位名称	项目前期工作涉及事项
1	发展改革委	项目前期经费下达，可行性研究报告审批，初步设计概算审批等
2	财政局	项目结算、审计等
3	住房建设局	建设工程招标公告（投标邀请书）和招标组织形式备案，超限高层建筑工程抗震设防审批等
4	规划和自然资源局	出具建设工程方案设计核查意见，建设工程规划许可证核发，出具开设路口审批、市政管线接口审批审查意见，出具选址意见书及用地预审意见和规划设计要点等
5	生态环境局	建设项目环境影响评价技术审查，建设项目环境影响评价文件审批等
6	卫生健康局	新建、扩建、改建放射诊疗建设项目卫生审查（预评价审核）

续表

序号	单位名称	项目前期工作涉及事项
7	水务局	建设项目用水节水评估报告备案，生产建设项目水土保持方案审批、备案等
8	城管和综合执法局	建设工程永久、临时占用林地审核，砍伐、迁移城市树木等
9	交通运输局	占用、挖掘道路审批等

1.4.4　公共服务部门（表1-3）

表1-3

序号	单位名称	项目前期工作涉及事项
1	水务集团	建设项目用水报装、供排水管线迁移
2	燃气	供气方案审核、气源接入点办理指引（含变更、补办）、地下燃气管道现状查询及燃气管道保护协议签订
3	地铁	地铁安全保护区工程设计方案对地铁安全影响及防范措施可行性审查、地铁建设规划控制区内工程设计方案对地铁安全影响及防范措施可行性审查
4	南方电网深圳供电局	用电报装、用电变更
5	通建办	光纤到户通信设施报装、光纤到户通信设施工程竣工验收备案

1.5　项目接收

项目接收是指项目（法人）单位或使用单位根据上级指示或双方协商意见，将建设项目移交政府投资项目建设管理机构，由该机构接收并组织下一步建设施工。

1.5.1　项目接收前的准备工作

项目移交前政府投资项目建设管理机构应与使用单位进行沟通交流，对项目规模、投资情况、场地状况、工程进展、存在问题等进行充分了解，同时核实项目是否具备接收条件。对满足接收条件的项目，准备接收材料（即接收方案、接收会议汇报PPT等）。

1.5.2　项目接收基本要求

（1）项目接收原则

项目接收应以有利于高效、优质推进项目建设为总原则。项目接收后，由政府投资项目建设管理机构牵头，交接双方按职责分工各司其职，相互支持配合，共同推进项目建设。

（2）项目接收范围

主要是政府投资的医疗建设项目，包括各类综合、专科医院、社区康复中心等。

（3）项目接收条件

原则上，符合下列条件之一，经使用单位来函提出办理项目移交要求的，政府投资项目建设管理机构予以接收：

1）项目取得发改部门立项批复或首次前期经费文件（含资金申请报告批复文件），且获得规土部门出具的选址及用地预审意见、规划设计要点（或用地规划许可证）；

2）取得发改部门下达资金申请报告批复文件，且建设不涉及用地手续的、不涉及因主要功能调整或规模变化而需要办理规划指标变更的。

以下情形应评估后报项目分管领导研究决定是否接收：

1）不满足第1款接收条件，但使用单位要求移交的；

2）土地权属、农林地征用、使用林地审核审批等用地手续不全的；

3）改造类项目存在历史资料不全、手续不全或涉及新旧建设规范冲突问题的。

（4）项目提前介入

对尚不具备正式接收条件的项目，依据政府相关指示、使用单位来函要求，经机构内主要领导同意，可安排政府投资项目建设管理机构工作人员提前介入项目，协助使用单位开展项目前期工作。

（5）交接双方的职责分工

1）使用单位

不论项目移交接收之前或后，以下事项应由使用单位负责：

①各阶段建设需求的确认，主要包括：开展项目的前期需求研究，明确建设内容、使用功能、特殊或专用的设施设备要求等；与政府投资项目建设管理机构共同对设计成果（方案及初设）进行需求确认；在开展施工图设计前须最终确定项目建设的需求；参与并配合政府投资项目建设管理机构确定相关材料的样板、主要设备参数及样板间；对影响建设规模、标准、功能的重大设计变更进行需求确认。

②跟进及办理立项及用地手续相关事项，主要包括：首次前期经费下达、选址及用地预审意见、规划设计要点、建设用地规划许可证、地名批复（建筑物命名）、划拨土地决定书或签订土地使用权出让合同、使用林地许可、征地拆迁等。

③不移交合同的执行，包括付款、结算及报送审计等。

2）政府投资项目建设管理机构

负责项目的组织实施和监督管理工作，主要包括：按计划推进项目，全面按照政府部门的要求统筹安排项目各项建设内容，组织完成设计、招标、建设、竣工验收、结算、决算、保修等工作，全面负责项目进度、质量、安全、投资控制管理等。

项目接收时，交接双方可根据项目实际情况，进一步共同商定双方详细的责任和分工。

（6）项目接收形式

一般情况下，项目接收以双方领导召开会议形式完成，以会议纪要作为项目接收的主要证明文件。特殊情况经双方协商，可通过双方签署项目接收移交备忘录的形式代替。

1.5.3　项目接收工作组织

项目接收工作分为项目接收方案准备及召开项目接收会议两个阶段。具体分工为：

（1）项目接收方案准备

1）制定项目接收方案；审核项目接收方案并组织会签报审。

2）审核项目接收方案中关于工程档案资料接收方面的内容。

3）审核项目接收方案中关于项目财务接收方面的内容，配合协调涉及区财政部门的相关问题。

4）全面了解项目情况及存在问题，起草项目接收方案，准备项目接收会议相关汇报材料；检查工程档案资料并配合移交至档案室。

5）确定项目负责人或指定项目对接人；了解项目情况及存在问题，初步评估提出项目工期计划并与使用单位基本达成一致意见。

6）项目接收方案经与使用单位达成一致意见，报项目分管领导审批同意后，由项目分管领导主持召开项目接收会议。必要时，报政府投资项目建设管理机构负责人审批并召开专题项目接收会议。

（2）项目接收会议

项目接收会议由政府投资项目建设管理机构项目负责人汇报项目接收方案及相关材料、起草会议纪要。

1.5.4　项目接收主要内容

（1）工程任务接收

一般项目原则上整体接收，特殊情况下需与使用单位划分工作界面的，双方应明确任务分工及相应投资划分。

（2）合同接收

应了解合同的签订、执行情况，原则上与后续项目建设实施有关的合同，如勘察、设计合同等应予以接收。已履行完的合同原则上不接收。

审核拟接收合同，了解合同内容，阅读条款，评估存在风险。预判存在合同争议或纠纷的处理方式：

1）存在争议或纠纷的合同需要办理接收并继续执行的，原则上应由使用单位先解决争议或纠纷后，再办理合同接收。

2）存在争议或纠纷的合同不需要接收继续执行的，按不移交合同处理。

3）不移交的合同或约定移交后由使用单位负责支付款项的合同，由使用单位负责结算及送审计部门审计，并将审计结果资料移交政府投资项目建设管理机构纳入项目决算。

（3）财务资金接收

应了解项目已划拨款项及使用情况，双方财务人员按照财务制度进行交接，明确移交资金数额，必要时应事先向发改、财政、审计等有关部门征求意见并做好沟通。项目接收后，应向财政局发函申请资金调拨，可将资金从使用单位直接调拨至政府投资项目建设管理机构。

（4）场地接收

应实地踏勘现场情况，了解场地存在问题，对临时设施、水电、道路、围墙、场地平整、保安等进行核查、描述，并明确场地接收时间。

（5）文件（与档案）接收

按主要文件资料交接清单分类接收。

（6）报建账户接收

根据政府相关规定，项目报建所涉及的发展改革委"投资项目登记平台"（简称登记平台）、政务服务管理办公室"投资项目在线监管平台"（简称监管平台）要求"一个项目一个账号"。对于新接收项目，平台项目转换是移交内容之一，即在项目接收会召开后三个工作日内，政府投资项目建设管理机构相关人员协调使用单位在登记平台将项目移交至政府投资项目建设管理机构名下。

项目报建账户在前期阶段由前期工程师负责管理。

（7）项目计划工期

项目拟于 20×× 年 × 月开工，力争 20×× 年 × 月前完成建设。

第 2 章 Chapter 2
医疗项目前期策划

2.1 综述

2.1.1 项目策划的定义

项目策划的主要活动包括：确定项目目标、愿景和范围，拟定建设标准，提出质量、成本、进度、安全、创新控制目标，定义项目阶段、里程碑，建立项目组织结构，项目工作结构分解，识别项目风险，确定招标方案，制定项目综合计划。分为前期策划（从可行性研究报告编制阶段至施工图完成）和实施策划（从施工招标开始至项目建成及后期维护）。项目前期策划是在政府投资工程管理中心正式接收项目后，通过调查研究和收集资料，在充分占有项目前期信息的基础上，来编制项目前期策划，针对项目的决策和实施，进行组织、管理、经济和技术等方面的科学分析和论证。

2.1.2 项目前期策划的任务

项目前期阶段的工作涵盖项目接收、现场踏勘、使用单位需求管理、建设管理模式确认、设计服务类招标、可行性研究报告的编写及报批、设计过程管理、概算文件的编制、批复及其他行政审批等一系列建设管理内容。

通过项目前期策划指导整个前期阶段的管理工作，在项目接收后对现场进行详细踏勘，对项目的目标、愿景、范围、建设标准、场地情况等进行透彻的理解和分析，找出项目的特点、重点、难点并有针对性地进行深入研究，提出切实可行的设计、质量、进度、投资等管控要点及措施。

大型医疗项目正式接收后，都需要启动项目前期策划的编制工作，由前期管理部及工程管理部共同完成项目前期策划的编制。

2.1.3 前期策划在前期管理中的作用

项目前期策划是工程项目建设管理的一个重要组成部分，是项目成功的前提。在项目前期进行系统策划，就是要提前为项目实施形成良好的工作基础、创造完善的条件，使项目实施在目标定位上完整清晰，在技术上趋于合理，在资金方面周密安排，在组织管理方面灵活计划并有一定的弹性，从而保证项目具有充分的可行性，全过程把控方向性文件。项目前期策划的编制应是一个动态的、不断完善的过程。

2.2　项目前期策划的关键措施

2.2.1　强化项目信息收集与分析

项目接收后，前期工作负责人应详细阅读和理解项目建议书及其批复文件，以及政府会议纪要、建设用地批复文件、所在区域的法定图则等，熟悉项目定位、项目规模、投资、使用需求、工作计划等内容。

通过收集场地及项目相关基础资料、各类技术报告等，了解并分析项目建设条件。收集资料应力求全面准确，必要时需到规划、档案部门、使用单位等进行查询和办理。资料收集后，应对资料进行分析整理。

通过现场踏勘了解用地条件，用地性质，现有的建筑、构筑物，用地周边环境及配套设施等，研究场地地形特点，分析设计与建设难点，预判项目存在的问题等。

根据项目区域发展条件、场地特征、项目定位、项目特殊性、未来发展趋势等，梳理项目关键性议题，提炼项目核心问题（具体项目具体分析，比如进度、项目影响力、品质等）。

2.2.2　确认建管模式及设计招标模式

合理的建管模式能有效推进项目。在项目前期策划编制过程中，应针对医疗项目的特点进行充分分析，重点思考各种建管模式的利弊。目前政府投资的医疗项目的建管模式主要有常规建管模式、全过程工程咨询模式以及市场化代建三种。其中常规建管模式是建设单位自行负责项目前期的全部管理工作；全过程工程咨询模式是委托一个专业的咨询机构，由其负责项目前期的设计管理、招标管理、合约管理、造价管理等管理工作，建设单位作为决策者的身份参与项目管理工作；市场化代建模式是由代建单位按照合同约定履行投资项目建设全过程中的建设单位管理职责，严格控制项目投资、质量、安全和工期，竣工验收后移交使用单位。具体项目应根据分析结果，由前期管理部同工程管理部以会议形式协商、讨论，对建管模式初步达成一致意见，提出拟采用的建管模式，并选择匹配的设计招标模式。

2.2.3　注重多方沟通交流工作模式

1）与使用单位交流，确认需求与项目定位、编写设计任务书；

使用方的需求确认分为信息收集和转化、需求评审、需求确认、需求动态管理、需求变更、需求跟踪及完善几个步骤。

项目需求研究应从使用方的需求和运营管理需求出发，分析项目为满足管理者与使用者的日常活动所应提供的各种设施和服务，可采用引入公众参与等方式，进一步发掘使用者对建筑功能的诉求。

2）协助使用单位与发改委、规资局、财政局等建设主管部门沟通，明确项目投资、用地规划要点、前期经费、资产核销等项目相关信息；

3）与工程管理部沟通，共同分析预判项目建设全过程中的技术难点和管理难点，预估对项目建设的影响，并对项目工期达成共识。

2.2.4 全过程思维模式

建筑政府投资项目建设管理机构的建设管理包含了前期研究阶段、项目工程勘察与设计阶段、项目施工阶段、项目竣工验收阶段等各个阶段，未来还需参与建筑物试运营的管理工作。而项目的前期策划是建设单位项目管理活动的起点，因此项目前期策划在编制时要以项目全生命周期管理的思维去考虑各项目在各阶段可能遇到的问题，以实现项目目标为导向。

2.2.5 策划案编写要点

1）确定纲领。策划案应编制总论，对策划案重点思考的问题及决策在总论中描述。

2）确定项目愿景及使命。明确清晰的愿景，使项目团队所有成员对项目愿景都有共同理解。项目使命是项目要达到的目的、解决的问题，或满足组织的某种需要。

3）把握定位。从使用单位及使用者的角度、建筑物全生命周期角度、管理角度思考问题，提出项目的功能定位。

4）提炼归纳。为让项目更加明晰，须对项目的特点进行分析思考并提炼归纳，以达到清晰展示的目的，包括项目管理、设计、施工的重点难点分析，设计、施工限制条件分析等。

5）逻辑推演。对关键的策划重点，需要详细的、有逻辑的推演过程。如从项目的规模、投资额、项目特点、项目目标、进度目标等进行详细分析，提出相适应的建管模式，进而结合项目定位选择与项目匹配的设计招标模式。

6）大胆创新。在项目策划过程中对于难点分析问题，根据项目特点要勇于突破常规、用创新构思的角度去分析解决问题。

2.3 项目前期策划的内容

2.3.1 项目概况

（1）工程基本信息

项目立项文件中的工程建设内容及规模，其主要经济技术指标应包括：用地总面积、建筑总面积、地上及地下建筑面积、项目投资匡算。

方案和建筑设计招标阶段，其主要经济技术指标应包括如表 2-1 所示内容。

主要经济技术指标　　　　　　　　　　　　　　　　表 2-1

项目名称	
建设单位	政府投资项目建设管理机构
项目性质	
建设地点	
占地面积	参照选址意见书
建筑面积	参照可研申报面积
绿化覆盖率	
绿色建筑	达到国家绿色建筑星级标准
停车指标	
容积率	
限高	
建筑密度	
退红线	
装配式建筑	

（2）项目场地及周边现状条件分析

1）用地条件分析：研究建设场地的用地性质，自然地貌，水位地质条件，分析该场地可能存在的自然水系、农业用地、林地、公园改造情况，尤其注意是否存在不良地质条件、危险边坡治理等情况以及估算初步场地平整的土石方量。

2）场地现状分析：建设场地土地权属和相关手续办理情况，是否存在现有建、构筑物，是否存在征地拆迁、产权不清晰的问题及当前使用情况，现有植被情况，是否在航空限高区域内。

3）周边交通分析：分析建设场地周边的主次干道路以及高速路等车辆交通情况，分析场地周边现有的公交、地铁及未来规划城市公共交通情况。从安全、流线、噪声、振动等方面分析此类设施与建设项目的相互影响。

4）周边设施配套:分析建设场地周边公共建筑、商业、住宅、市政配套等设施情况,这些现有条件对项目建设的影响,以及项目建设对周边的影响。

（3）项目进展情况

1）项目已完成

项目接收前已获得关键性的时间节点也应做说明,如（如有）:市政府常务会议纪要、项目建议书批复时间、选址意见书、建设用地规划许可证、可研批复、前期资金下达（资金申请报告）等;其他非关键性节点的工作也可以做以说明,可以就解决项目的重大难点问题做以说明,如场地管线迁改、场地建筑物拆除等。

2）项目目前进展

项目正在进行的工作进度,如（如有）勘察、设计招标、设计任务书编制、全过程工程咨询单位招标等进度。

3）项目下一阶段工作

下阶段工作计划,如方案设计计划、可行性研究报告及环境影响评价报告等行政审批计划等。

（4）参建单位情况

项目使用单位、运营部门、可研报告编制单位、全过程工程咨询单位、设计单位等信息。根据相关参建单位的需求、期望、利益和对项目的潜在影响,制定项目相关方参与项目的方法。

（5）项目存在困难及解决办法

根据项目的建设内容、实际进展以及建设场地实际的用地条件,分析拟建场地可能存在的用地性质调整,林业、农业用地的转用手续,收地手续,地质灾害危险性,现有建筑的拆除和管线迁移,项目出入口及消防车道规划,水系或排洪涵管整修,土石方清运,项目用地规划指标调整,装配式建筑规划要求,项目使用需求不稳定,项目投资规模,设计招标难点等问题,提出解决思路,明确责任单位。

2.3.2　项目前期策划总体目标

（1）项目定位

明确项目的建设定位。

1）项目定位

医疗项目的总体定位是基于为项目所在区域提供优质公共医疗卫生服务资源供给为根本,并积极应对现代医疗科技发展新应用,适应现代医学发展方向,功能模块布置超前,重点突出综合医疗服务、医学研究、教研防为一体的宏观功能定位。

2)功能定位

主要依据项目的建设内容、建设规模、建设标准,从项目的医疗学科体系建设、重点医疗服务内容、医学研究、临床教学条件以及为区域预防保健与养老康复培养技术力量等方面进行分析,以满足项目运营活动需要、满足项目相关人群需要为定位。

(2)总体策划

1)设计目标:应围绕项目总体定位开展设计。应以符合规范要求、满足使用需求、符合规定的设计深度、具有可实施性、建筑新颖、使用合理、功能齐全、结构可靠、经济合理、环境协调、使用安全等方面为目标。

2)工期目标:前期管理部应与工程管理部就项目总工期协商,达成一致意见后以项目总工期为目标,按施工开工为节点,合理安排或倒排全过程计划,其中前期设计的重要里程碑节点包含设计方案定标时间、设计方案优化时间、可研报告批复时间、建设工程规划许可证批复时间、初步设计完成时间、设计概算批复时间、施工图设计完成时间。

3)投资目标:方案及初步设计阶段,以方案深度或初步设计深度进行投资估算,提高可研报告的精确度。编制与设计目标相匹配的概算,并积极与相关部门沟通。严格控制项目估算不超匡算、概算不超估算。施工图设计阶段,以预算不超概算为目标,施工阶段应控制变更及修改量,严防超概算为目标。

4)质量目标:根据项目类型及重要程度可提出以全国或省、市勘察设计奖为目标。

5)技术创新目标:海绵城市设计理念、BIM技术及信息化集成技术的应用、绿色建筑、减隔震技术、装配式建筑技术等,根据项目的规模、特点、定位等实际情况选择适合的新技术,并思考实现的方式。

2.3.3 详细策划

(1)项目需求分析

根据接收时项目所处的阶段及使用单位对需求的理解,进行需求研究,以及明确各阶段需求研究的主要工作内容、管理方式。

医疗功能的需求调研是工艺设计的前提,大量医院建设的实践证明,建设过程不断的功能变更成为医院建设的通病,严重影响医院建设的进度和投资。需求调研工作需贯彻最终用户理念,与使用单位沟通,了解项目需求、特点和难点。调研同类项目,了解其主要专业特点和技术难点,了解其实施、运营过程的经验、教训。

充分利用可研编制单位、设计单位、全过程工程咨询以及医疗工艺咨询机构的力量,寻找合理的需求研究方式、方法，引导使用单位完善需求，以详尽设计任务书为最终结果。

可以采取以下管理对策：

一是完善功能需求调研对象。调研对象不仅要包括所建设项目的老院区全部的临床科室，同时为了满足新建院区医学学科未来的发展方向，还应对项目所在地区具有优势学科的大型医院进行功能调研，建设相关各方（包括建设单位、医疗工艺咨询、设计院、全过程工程咨询等）也要对项目建设提出建议和要求。

二是明确医疗功能需求的确定流程。通过资源整合，由医院院领导班子牵头，经院办会议对需求书予以确认，并报卫健委审定。得到卫健委认可的需求书及需求变更，即纳入设计管理程序。对于医疗工艺一级流程、中心学科的二级医疗流程和重要的医疗专项工程（如净化、物流专项设计等），还应建立高水平的专家评审制度，邀请院方各科室及卫健委相关领导参加各阶段设计成果汇报会，并邀请由院方和卫健委推荐的医疗行业知名专家对项目各级流程进行专家评审，最终确定医疗功能。

三是对确定的功能指标进行分析，将医护语言转化为建筑语言，最终形成设计任务书的核心要素。

（2）项目重难点分析

包括场地方面、需求方面、设计方面、职能部门沟通方面及其他方面的应对措施。

1）场地方面，可以对场地特点进行分析，在场地平面布置、交通组织规划方面重点分析。

2）设计方面，根据项目定位需要引入的设计团队做以分析，同时可以就各专业设计方面的难点、可能存在的难点进行分析并提出解决方案。

3）职能部门沟通方面，重点分析与发改委、规划与自然资源局、生态环境局等在可研报告、可研修编、规划要点等各阶段报批报建问题存在的难点进行分析，并提出解决办法。

（3）建管模式策划

根据项目特点及规模，对各种建管模式进行分析，以快速推进项目为目标，选取合理的建管模式并对其策划。

政府投资建设的医疗项目，其建管模式根据第三方咨询服务、工程施工等合同形式可分为：①从施工的角度，可分为常规的施工总承包＋专业承包、工程总承包或设计施工一体化（EPC）两种形式。②从第三方咨询服务的角度，可分为常规的独立专项合同（如监理、项目管理、造价咨询、设计专业咨询等）和全过程工程咨询两种形式。

1）常规模式

①常规模式的概念。常规模式是项目建设管理机构按照传统的设计、施工相分离的形式，自行组织项目建设实施的建管模式，需完成前期全部管理工作，包括招标管理、设计管理、造价管理等。常规模式是政府投资项目建设管理较成熟、规范的模式，建设单位对项目的管理、管控介入较全面、深入。

②常规模式的适用条件。常规模式适用于政府投资的所有医疗项目，包括大型综合医院、中小型专科医院、小型社区康复中心等。

2）全过程工程咨询

①全过程工程咨询的概念。全过程工程咨询是对工程建设项目前期研究和决策以及工程项目实施和运行（或称运营）的全生命周期提供包含设计和规划在内的涉及组织、管理、经济和技术等各有关方面的工程咨询服务。

②全过程工程咨询的两种类型。根据我国项目管理实践，结合各地政府的有关文件规定，全过程工程咨询应用有两种类型：

类型一：不含设计的全过程工程咨询

不包含工程设计的全过程工程咨询服务，实质是项目建设全过程的项目管理服务，是在整合工程建设全过程中所需项目管理、招标代理、造价咨询、工程监理及其他相关服务基础上，实行"项目管理＋专业服务"一体化的全过程咨询服务。

类型二：含设计的全过程工程咨询

包含设计的全过程工程咨询服务，是在整合工程建设全过程中所需的工程勘察、设计（含方案、初设、施工图设计）、项目管理、招标代理、造价咨询、工程监理及其他相关服务基础上，实行"设计＋项目管理＋专业服务"一体化的全过程咨询服务。

③全过程工程咨询模式的适用条件。全过程工程咨询服务模式适用于各类工程建设项目，是常规建管模式、工程总承包模式（EPC）相配套的第三方服务委托形式，原则上除少数确实不适合的项目外（如应急医疗项目或者具有保密性质的医院），都可采用全过程工程项目管理模式。对于大中型医疗项目需要委托专业咨询的（如医疗工艺等），既可纳入全过程工程咨询，也可另行单独委托。

④注意事项。为充分发挥全过程工程咨询模式的优势，应在前期阶段尽早开展全过程工程咨询招标，并根据实际情况，确定采取具体的全过程工程咨询模式（含设计或不含设计）。

3）工程总承包（EPC）

①工程总承包（EPC）模式的概念。工程总承包（EPC）是指从事工程总承包的企业受业主委托，按照合同约定对工程项目的勘察、设计、采购、施工、试运行（竣

工验收）等实行全过程或若干阶段的承包。通常在总价合同条件下，工程总承包企业对承包工程的质量、安全、工期、造价全面负责，最终向业主提交一个满足使用功能、具备使用条件的工程项目。

②工程总承包（EPC）模式的三种类型。根据工程总承包（EPC）招标阶段的不同，工程总承包（EPC）分为Ⅰ类、Ⅱ类和Ⅲ类EPC模式。

Ⅰ类EPC（简称DB）模式：完成方案设计、初步设计并取得概算批复后，由EPC单位负责施工图编制、材料设备采购及施工的EPC模式。

Ⅱ类EPC模式：完成方案设计、建筑专业初步设计并取得可研批复后，由EPC单位负责其他专业初步设计、施工图编制、材料设备采购及施工的EPC模式。

Ⅲ类EPC模式：项目立项后，由EPC单位完成方案设计及全专业初步设计、施工图编制、材料设备采购及施工的EPC模式。

③工程总承包（EPC）模式的适用条件。工程总承包（EPC）模式原则上适用于所有医疗项目，国内也有大中型医疗项目采取该模式进行建设的案例，但根据此类医疗项目建设管理成效总结的经验，工程总承包（EPC）模式建议适用于下列项目：

a. 规模较小的综合医院或专科医院，并且功能、建造标准、技术及质量要求、工期及建造成本具有较大确定性的项目；

b. 应急情况下的装配式医疗项目（如新冠肺炎疫情期间为专门收治感染者住院而特殊建设的雷神山、火神山医院）。

（4）招标策划

主要对设计招标方案及其他服务招标方案进行分析，并确定各内容招标策略。

1）设计招标

设计招标形式分为设计方案招标和设计团队招标，主要采用方案招标形式。

项目前期设计招标内容按设计过程分为：

a. 建筑方案 + 建筑专业初步设计；

b. 其他专业初步设计 + 全专业施工图设计；

c. 建筑方案 + 全专业初步设计；

d. 全过程设计（方案 + 初设 + 施工图）；

按专项设计有：建筑设计、景观设计、室内设计、幕墙设计、医疗工艺设计等。

2）服务招标

医疗项目前期阶段的服务招标包括为完成项目建设所需的施工图审查、设计监理、医疗工艺专项咨询、环境影响评价、项目管理（或全过程工程咨询）等各项咨询服务工作。

服务招标金额达到公开招标限额的，需在建设工程交易服务中心统一进行公开招标投标。未达到公开招标限额的，可采用小型简易公开招标、邀请招标，特殊项目可采用直接委托。

项目前期服务招标一般有：可研编制、全过程工程咨询、医疗工艺专项咨询、造价咨询、勘察测绘、环境影响评估、勘察审查、施工图审查、交通影响评价、地质灾害评估、水土保持方案、职业病危害防治评价等其他服务。

（5）合同管理策划

包括对设计类合同及服务类合同的执行管理，侧重于技术、进度、资金、付款条件、工作范围等以及合同的订立、履行、变更、终止和解决争议等内容。

合同管理的对象分为：技术（勘察、设计）、服务类合同（造价咨询、全过程工程咨询、医疗工艺咨询合同等）。

（6）进度管理策划

结合项目总工期要求，对项目前期进度及重要节点进行规划，包括报批报建各重要节点、重要招标节点、设计各阶段节点等项目开工前所有前期重要工作节点计划。

1）对进度进行把控：可通过分项工作计划、阶段计划、月计划制定详细的进度目标，通过里程碑节点控制、定期例会、过程抽检、专题会议等进行把控。

2）在项目前期阶段工作过程中，根据关键控制点来检查实际进度，并与计划进度进行对比，以确定实际进度是否出现偏差。

3）当实际进度与计划进度相比出现滞后时，分析产生偏差的原因，如设计等技术服务进度滞后，督促设计单位采取增加设计人员或设计监理驻场监督等切实可行的措施消除偏差。如行政审批环节出现问题，需及时与审批部门沟通解释，并应向部门领导及分管领导详细汇报，必要时由相关领导出面同行政审批部门沟通。

4）加强内外协调工作，提前梳理影响项目前期工作进度的各种因素并提出解决预案，及时解决项目前期工作过程中遇到的困难和问题，确保项目前期工作顺利推进。

5）加强对前期设计等技术服务单位的监督管理，对于因组织不力、管理混乱、人力资源投入不足等导致进度缓慢的单位，应及时提出批评、警告，情节严重的应根据合同及相关规定给予记不良行为记录、罚款等处罚，并作为履约评价的依据之一。

（7）报批报建管理策划

梳理报批报建事项，判断是否存在特殊报建程序及可能对项目进度产生影响的报建工作，分析报建风险点，提前安排沟通协调。

项目前期阶段的报批报建工作主要可分三个阶段：

1）立项及用地规划许可阶段

主要有"立项报告""项目选址意见书""出具选址及用地预审意见和规划设

计要点""建设用地规划许可证核发""划拨土地决定书或签订土地使用权出让合同"等。

2）建设工程规划许可和概算批复阶段

主要有"建设工程规划许可证核发""可行性研究报告审批""初步设计概算审批""项目水土保持方案审批""项目用水节水评估报告备案""洪水影响评价审批""人防工程方案报建审查""建设工程消防设计审核""超限高层建筑工程抗震设防审批""防雷装置设计审核""固定资产投资项目节能审查""出具开设路口审批、市政管线接口审批审查""放射诊疗建设项目卫生审查（预评价审核）"等。

3）施工许可阶段

主要有"建设项目环境影响评价技术审查""建设项目环境影响评价文件审批""建筑工程施工许可证核发""建设工程开工验线"等。

（8）质量管理策划

根据项目特点及重要程度确定质量管理的标准、目标，制定质量管理措施，并明确成果决策机制及决策团队。

项目前期质量管理是在充分理解使用单位当前和未来需求的前提下，在总结以往工程成熟设计经验的基础上，从项目的方案设计开始，包括可行性研究报告、初步设计，至概算编制完成止，对设计成果制定高质量、高要求、可操作性强的管理要点。

（9）BIM 管理策划

BIM 管理策划是指从建设单位角度出发，为项目建设全过程 BIM 技术应用与管理进行策划，规范 BIM 技术应用过程，以充分发挥 BIM 技术在项目前期策划、规划、设计、施工和运维等阶段的应用潜力和应用价值，通过 BIM 的实施为项目投资、进度、质量、安全等目标控制和项目增值提供辅助及支撑。

（10）投资管理策划

主要阐述可行性研究阶段、方案和初步设计阶段、施工图设计阶段、施工阶段投资控制目标。可就可研估算、概算批复、施工预算、竣工决算等方面提出管控措施。

（11）档案管理策划

明确需进入档案存储及管理的重要文件，对项目阶段性文件或会议纪要进行网上档案系统备案。

（12）宣传策划

对宣传原则、宣传内容、宣传媒介等进行阐述。

通过网站、微信公众号、微博、新闻媒体等途径开展宣传工作，包括方案设计招标阶段的入围方案公示、领导视察、重要活动、征询公众意见等。

（13）特殊项目的策划要点

重点分析扩建、改造等特殊建设项目前期策划的编制要点。

1）扩建项目

扩建项目包括扩大原有功能和增加新功能，如医院增建门诊部、病房等。此类扩建项目已具备常规新建项目的所有建设管理要素，可按新建项目前期策划的要求进行编制。扩建项目须充分考虑新、旧建筑之间的关系，包括人、车流线，结构，基础，场地内的管线综合等因素。

2）改造项目

改造项目包括技术改造、项目功能改造及室内装修改造。此类项目前期策划方案的编制重点为使用单位的需求确认、使用功能变化情况、项目场地现状、现有建筑物的使用情况、结构检测鉴定报告、周边环境分析、是否存在扰民情况及解决措施、工艺技术策划、工艺技术、设备房是否需要增容、设备招标策划以及进度策划等。

第 3 章 Chapter 3
医疗建筑前期设计管理

3.1 综述

医疗项目前期设计管理的主旨目标是将政府投资项目建设管理机构及项目投资建设单位的建设目标和意向，通过充分收集、研究、细化和前期参建单位之间的讨论，最终以形成一个项目设计概要和设计任务书为设计管理的起点，之后通过流程性的审批，以公开招标投标的方式筛选出一个能胜任项目建设设计任务的合格设计单位，对设计单位进行设计任务委托后，随即开始各项设计工作，设计管理的各项管理和协调职责随即展开。

设计管理作为项目前期管理过程中的核心内容，应以"流程梳理、计划框架、统筹管理、分段主导、结果导向"为原则，结合项目建设目标，推进精细化管理、倡导设计创新管理模式，做好全过程和全方位设计管理工作，努力提升政府公共医疗工程项目的设计品质，以打造精品工程来服务公众和社区为主要建设目标。

3.1.1 前期设计管理工作内容

前期设计管理的主要工作范围涉及建设单位的项目建设实施意向、项目建议书、可行性研究报告、项目评估报告、概念设计、项目设计任务书编制、环境影响审批、地质灾害危险性评估等前期决策性文件的编制和讨论研究。设计管理要在政府投资项目建设管理机构和项目投资建设单位的委托和指导下，根据项目前期工作计划目标，分解建立里程碑目标，牵头协调前期参建单位，逐项推进各项工作和成果文件的形成，最终按时提交上报各项项目报审报批文件。

考虑到项目前期管理工作中会涉及众多的报批报建文本所需要的项目各项技术方案的要求，通常会将包括项目策划、可研、勘察、环评、水保等为设计服务的所有前期技术服务工作也纳入项目设计管理范畴。

3.1.2 前期设计管理工作范围

设计管理从项目接收开始，包括策划阶段、方案设计阶段、初步设计阶段、施工图阶段、交竣工阶段图纸和文件的归纳整理和移交等管理工作。设计管理的工作范围涵盖项目从策划到实施建设的全部过程，建筑设计深度要符合《建筑工程设计文件编制深度规定》（2016 年版）的设计要求。

项目建筑设计通常划分为四个阶段：

（1）方案设计阶段

①方案设计说明书，内容包括项目设计主旨描述及项目情况的概要介绍、各专业设计说明、投资估算等涉及建筑节能、环保、绿色建筑、人防等设计专业和分项，设计说明需予以划分章节予以阐述。

②项目总平面图、建筑立面图、建筑剖面图等图纸和其他的一些分项分专业的方案图纸。

③设计委托合同所规定的项目方案阶段的立体三维效果图，加上以BIM和三维动画漫游为基础的表现图纸。

④在一些关键的重大项目中，会有方案模型的要求。

⑤方案设计文件应包括建筑设计方案、室内外概念方案、景观概念方案、泛光照明示意见方案等。

⑥方案设计应对中标方案进行调整和优化，设计单位应提供完整的设计方案说明及模型、效果图及效果视频。方案设计完成后，应送建设单位审查认可，并协助建设单位向有关政府部门汇报。

（2）初步设计阶段

在方案设计成果的基础上，进一步完善、细化各专业和专项的设计，包括确定设计构造、建筑外观、机电设备布设方案等，完成更加细化的设计总说明，提出项目概算，同时提交项目报批报审（如建设工程规划许可证）的各项设计图纸和方案文本，为接下来的扩大初步设计（在超大型公共建筑工程项目中，通常在施工图阶段之前，增设"扩初设计"，作为初步设计阶段的提升和深化版）、施工图设计。

初步设计成果包括：

1）设计说明书，包括设计总说明及各专业和专项设计说明。

2）各专业的设计图纸。

3）主要机电设施及设备清单或材料表。

4）项目总概算。

5）各专业的设计计算文本资料。

（3）施工图设计阶段

前述的设计成果文件经政府投资项目建设管理机构和项目建设和投资单位完成必要的流程确认审批之后，设计工作即转入施工图设计阶段。施工图设计需以满足项目工程施工的招标招采和现场工程建设作业为主要目的。

设计人须根据批复的项目总概算来控制施工图设计，如发包人委托的造价咨询公司编制的施工图预算（在编制时设计人予以配合）超过批准的项目总概算，设计人应无条件调整设计，确保施工图预算不超过批准的项目总概算。

施工图设计文件完成后，设计单位应负责委托测绘单位对已完成的初步设计文件进行面积核查工作，若存在超面积的情况，需按规定面积修改设计，确保各功能区域建筑面积及总建筑面积不超出《建设用地规划许可证》《建设工程规划许可证》、区发改部门对初步设计的批复等文件中对建设规模的要求。

在施工招标过程中，对于业主或业主委托的咨询单位提出的图纸问题，设计人应在 3 个工作日内给予书面答复；若需补充或完善设计的，设计人应在 5 个工作日内提供书面图纸。

施工图设计成果文件包括：

1）设计委托合同所要求、项目展开现场施工作业所涉及的所有专业的设计图纸（包括图纸目录、说明和必要的设备材料表等），诸如场地平整、基坑支护、建筑、结构、机电、建筑智能化、建筑外装、精装、景观、市政配套方案；以及人防、消防、绿建、建筑节能、超限和装配式等专项设计内容等。

2）各专业的施工技术和工艺交底说明，以此满足招采和现场作业的要求。

3）工程预算（依据合同要求）。

4）各专业的设计计算书（通常不作为交付委托方的文件，但是要作为项目工程建设的归档文件留存）。

（4）施工阶段

在项目进场开始作业之前，设计各专业要对现场施工单位进行施工技术交底，协助并参与项目管理团队对承包商和施工工作进行过程管理。包括核查现场作业和图纸的正误偏差、核查工程造价、签发变更证明、对进场设备和材料进行标准复核、定期巡查工地和参与各阶段的完竣工验收等。

1）在施工招标、设备和材料采购等工作过程中，设计单位须提供所需的技术要求，按要求参加工程招标答疑和技术谈判等工作，及时解决施工招标、设备订货和材料采购中出现的技术问题。

2）工程开工后，设计单位应组成现场服务组常驻现场办公，负责本工程从开工到竣工验收全过程的施工技术配合工作，包括但不限于如下工作：

①负责施工图交底，参加图纸会审，提供所需的材料样板。

②协调解决施工过程中有关设计的问题并参与施工方案的审查。对施工现场遇到的技术问题提供多方案经济、技术比选。

③审查材料样板和现场施工样板。

④负责施工现场指导，并从设计角度进行施工监督。

⑤负责处理现场设计变更，及时提供设计变更文件。

⑥协助施工单位完成竣工验收资料的整理工作。

⑦参加隐蔽工程验收和竣工验收。

⑧参加工程质量事故调查，提出技术处理方案。

⑨对施工单位提交的二次深化设计（加工制作详图）进行复核和确认。

⑩专人参加与设计有关的工地周、月例会。

3）工程全部验收合格或投入使用视为本阶段工作结束。

4）工程施工时，应按规定派驻工地设计代表，协助业主解决各种与勘察设计有关的问题，包括修改和完善设计或局部变更设计。

3.1.3　前期设计质量管理工作目标

在充分理解最终用户当前和未来需求的前提下，在总结以往工程的成熟设计经验的基础上，贯彻高质量、高要求、可操作性强的技术管理要点，保证设计管理的完整性、连续性。

确保设计成果满足国家设计文件编制深度要求，并达到国家及项目所在地行业主管部门规定的质量合格标准，满足项目实施要求的深度，确保设计成果文件合格。

依据项目建设工程目标要求，以及前期项目决策阶段政府投资项目建设管理机构或投资建设单位可能的调整和优化意见，对设计工作的各个阶段进行全过程的精准管理和协调，对前期参建的专业技术团队的工作进行必要的督促和指导，以保证前期各项成果文件能在计划时间之内上报和审批。

对各设计阶段的设计成果文件进行复核及审查，纠正偏差和不足，提出优化建议，提出相应的咨询阅审意见或报告。

3.2　项目各阶段管理要点

3.2.1　项目前期策划阶段

医院项目建设的特点就是医疗工艺流程繁杂、各专业之间存在互为依存和相辅相成的联系特点，项目的前期策划就要充分研究、考虑拟建项目详尽且符合项目建设目标的总体建设和实施方案策划。

项目的前期策划工作包括项目前期战略策划研究、项目建设和投资规模及社会经济效益、确定项目建设的总体目标、项目建设具体规模等级、项目建成后运营方式及对周边社区的影响和作用、项目的选址方案、项目建设方案及可行性和项目策划建设运营过程中的项目投（融）资方案等。

（1）编制项目策划书

包括以下工作：

1）制定项目策划书，对项目管理架构、建设模式、进度计划、招标策划、设计管理工作思路等进行梳理和策划，为有序开展项目前期管理夯实基础。

2）对项目愿景、项目的级别定位清晰明确，对装配式、海绵城市、绿色建筑及新技术新应用等提前策划，并提前考虑是否有奖项目标等。

3）明确项目建设标准。根据国家的相关规范、政策，对项目用地面积、建筑面积、建设规模、工程建安造价指标进行系统分析，并根据对项目场地与项目功能、规模的分析，判断投资控制的方向和可能出现的疑难问题。

4）充分评估项目的可实施性，明确项目的质量、投资、进度、安全目标。

5）督促使用单位落实项目用地红线及用地指标。

6）提请发改部门落实项目投资主体及资金筹措方式。

（2）编制项目建议书

项目建议书是项目设计前期阶段最初的、对拟建项目的轮廓性设想报审文件，是项目建设初衷的定性文件。医疗项目通常属于公建项目，其建设资金筹措和完工之后的医院运营都由政府相关部门负责。医疗项目从立项开始就需要政府各职能部门的流程审批，以及区属政府投资项目建设管理机构作为项目工程建设的主管部门要对拟建项目提出轮廓方案，从宏观及政策层面来说明拟建项目建设的必要性，同时初步分析项目建设的可行性、社会效应和投资效益等。项目建议书内容包括：

1）项目建设的必要性和依据，背景材料，选址地点的长远规划，行业及地区规划资料；还应涵盖项目所在区域的环境现状，可能造成的影响分析，环保部门意见和项目推进可能产生的问题等。

2）项目方案的描述，包括拟建规模和建设地点选址的初步设想及论证。

3）项目周边市政、交通、水电气等管网的现状和规划是否存在对项目实施和后期运营的影响分析。

4）项目实施中的建筑和医疗技术等专项方案的构思。

5）投资估算规模、资金筹措、建设费用的方案策划。

6）项目实施计划目标，包括设计、招标、施工和竣工等时间节点。

7）项目建设的社会效应和经济效益的初步估算和分析。

8）和项目有直接和间接关系的结论与建议等。

项目建议书编制完成之后，经过政府各部分沟通商议完成之后，由建筑政府投资项目建设管理机构报送地方发改部门审批。

（3）落实使用需求

项目组需通过向使用单位发放《项目使用需求菜单》、同类项目调研、使用单位沟通的方式收集整理使用需求。

前期项目组将使用需求信息进行整理后由使用单位确认。

《医院项目运营单位需求调研表》由医疗工艺顾问或设计院在征得政府投资项目建设管理机构和卫健委（建设单位）的同意之后，定向发出调研的目标可由卫健委和运营单位推荐的医疗医技行业的专家和医院;对医院的调研可选择建设规模、医院类别（医疗级别和床位数）、运营模式接近、已完工且已投入运营的医疗单位（表3-1）。

由于医疗项目各医疗医技专项复杂，通常采用现场实地的调研，由医疗顾问和设计各专项人员，对医院不同的医疗医技功能科室进行现场参观调研，同时发放《医院项目运营单位需求调研表》。

待调研信息汇总之后，由医疗工艺顾问或设计院负责梳理各条反馈意见，并形成初步意见后，上报政府投资项目建设管理机构和卫健委，并组织专家会议审定。在完成以上流程沟通和审批之后，其成果文件将作为项目设计的方案和图纸设计的任务要求予以贯彻实施。

<h3 style="text-align:center">（　　）医院项目运营单位需求调研表　　　　表 3-1</h3>

编号:

项目名称			调研时间	调研表发出	
咨询单位				调研表收回	
本次调研授权单位	1		2		
咨询调研目标介绍	本次问卷调查目的是以问卷形式，对计划建造的医院项目的是收集对该项目未来运营使用需求的参考信息和数据，为计划建造的医院设计工作提供参考意见。 由于被调研的运营单位或个人仅是基于本团队或个人经验提供相应的问卷信息供咨询调研单位选择性参考，所有参与此次调研回复的单位或个人将不对所提供的信息和数据负有适当或不适当所产生的任何法律责任。 谨对配合调研和回复的单位和个人深表谢意，您的意见将由咨询发起单位负责整理后提及设计院展开设计工作。 　　　　　　　　　　　　　咨询单位（项目负责人）：　　　　　时间:				
本调研活动协调人 （单位 / 职务）			联系电话		
拟调研科室			调研回复个人职业信息: 姓名（选项）; 从业时间（年），从业职位或职务等		
序号	调研题目	回复意见	序号	调研题目	回复意见
1			2		
3			4		
5			6		

（4）设计任务书

设计任务书是由政府投资项目建设管理机构作为建设单位，牵头组织前期参建单位（可以由政府投资项目建设管理机构组织行业专家，也可以是全过程顾问），在政府投资项目建设管理机构和卫健局组织的运营单位、工程管理咨询和医疗工艺顾问等各方的共同参与下，根据项目的建设目标等信息来编撰的工程项目建设和设计的工作大纲，借助设计任务书建设单位向拟委托的设计单位明确提出拟建项目的设计内容及要求。

设计任务书的编写首先应该是依托项目建议书明确的各项经济技术指标及实际周边条件，结合医院发展的水平，定性"我们需要一个什么样的医院"，如科学预估未来门急诊及住院量，重点发展什么学科，总体布局哪些功能，各种用房的规模、空间关系、流线设置等，将采取何种发展模式。

设计任务书是工程设计的主要设计依据，其内容主要包括医院项目的建设规模、建筑面积、医院定位、床位设置、医疗科室分布、医技设施设备配置、可研和教学培训、行政和后勤等医疗医技功能的设计要求等。设计任务书是工程项目和建设方案的基本文件，是建设方对工程项目设计提出的目标要求，是设计工作的指令性文件，也是编制设计文件的主要依据。编制设计任务书的主要依据是项目可研报告、医院设计的各项国家和地方行业的标准及规范。各种要求和信息能够满足设计的需要。

设计任务书不仅对规模体量做具体需求，还可以将文化建设、绿色建筑、智能化管理等内容明确提出，在设计阶段交由设计单位付诸实现，有效地渗透在建筑设计中。

设计任务书细分内容包括四大部分：

1）项目概况介绍

①项目名称、位置及所在的片区、周边自然环境和市政现状介绍以及规划信息等涉及项目建设和远景发展的信息介绍。

②项目建设目标和定位的分析阐述，包括拟建医院的总体定位、服务社区和人群定位、学科和重点医疗医技中心目标的定位、经营定位和建筑定位等。

③建设用地范围、是否存在原有建筑和构筑物及树木的拆移或改建要求，水、电、气管网和公共设施交通运输现状和规划等信息。

④用地、环保、卫生、消防、人防抗震要求和资料等。

2）设计依据和必须提供的资料

①项目前期立项报告、项目建设投资筹集和来源、项目可行性研究报告、项目拟定的总体进度和竣工节点、项目运营单位信息等。

②政府各种项目相关的批文、会议纪要、协议书等信息资料。

③规划和土地储备部门所提供的项目用地、宗地图，测量图等场地的信息资料。

④规土部门对项目及周边的总体规划要求。

3）设计要求

①拟建医院设计工作的基本要求，包括设计工作要满足的各项行业标准和规范、医疗工艺和医技设施布设和使用功能、科室和床位参数指标明细、医技配套设施的布设、科研和实验配套、后勤及行政的设置要求等。

②对建筑立面、环境、交通、排污以及装配式、绿建、海绵城市等新工艺、新技术的应用要求，以及设计和项目创优、BIM应用的要求等。

4）设计工作进度、成果内容和交付、设计深度和设计配合工作要求

①鉴于医疗项目的设计涉及的各项医疗医技专项繁多、功能复杂、设计各专业人员的配合协调工作难度较大，如果前期参建的专业顾问团队暂无委托聘请，在此情况下，建设单位通常将此项设计任务书的编制工作委托给一个具有丰富医疗项目前期和设计管理经验的专业机构，由其会同使用单位完成项目设计任务书的编制工作。

②设计任务书编制妥当后，可依照项目建设各方的需要来进行流程性的审核评判或补充对设计目标和设计工作的要求，包括组织政府投资项目建设管理机构和卫健局系统内外的专家、未来医院的使用单位评审，根据各方的评审意见优化和调整设计任务书，最终由项目医院接受单位和使用单位出具书面意见予以确认。

③如设计任务书与项目建议书（或可研）在功能、面积上有调整，应及早与发改部门沟通，并在后续可研（或概算）申报中专题说明。

④任务书需明确BIM、装配式、绿色建筑、海绵城市等相关技术要求。

3.2.2　方案阶段

（1）开展初步勘察

1）地形测量、管线探测及初步勘察在可行性研究阶段进行，成果提交设计单位作为设计依据。

2）场地较小且无特殊要求的工程可合并勘察阶段。当建筑物平面布置已经确定，且场地或其附近已有岩土工程资料时，可根据实际情况，直接进行详细勘察。

3）勘察前应详细研究场地的管线物探图，了解清楚场地地下管线及埋藏物等情况，工程勘察中确保不破坏地下管线及埋藏物。

4）从事建设工程勘察活动，应当坚持先勘察、后设计、再施工的原则。

5）若项目前期已确定全过程工程咨询单位或监理单位，需其进行现场旁站，如无全过程工程咨询单位或监理单位则需前期项目组进行现场抽查，确保勘察质量。

（2）编制设计进度计划

项目设计工作从项目筹划、设计招标、合同签约委托等前期工作阶段之后，就要着手召集建设单位、项目管理、医疗工艺顾问和设计单位等，研究项目实施总计划和项目里程碑节点，结合医疗项目的工艺流程复杂、医疗专项设计繁多、医技设施与机电设计配合要求高的特点，由各方共同配合来梳理各项设计工作的基本流程、设计方案顺序、出图时间等，最后形成一个包括设计总控计划和阶段性计划在内各种层级和时间范围（包括年度、季度、月度和每周）的设计工作计划。

设计工作计划节点通常依照设计工作阶段来编撰，主要包括：

1）方案设计阶段

①一级医疗工艺流程设计，包括以卫健局和运营方要求为核心的各种对设计方案的要求；推荐的已完成或运营中、与拟建项目类似的医疗项目的现场调研（各种层级科室）信息的收集整理；医疗工艺一级流程的设计方案；进入政府投资项目建设管理机构和卫健局流程性审核、项目系统内外的专家会议论证，最终完成一级医疗工艺流程方案。

②依据设计任务书、一级医疗工艺流程方案，由设计团队完成项目的方案设计；包括项目总平面、各单体建筑平面、各医疗和医技科室的布设、后勤及行政用房的方案设计。

③展开精装、景观、幕墙、人防和消防、标识和泛光等各建筑专项设计工作。

④方案设计成果的内外审核与报审报批；医疗医技与建筑方案的各种流程研讨和批准、相关主题的专家论证会论证等。

⑤项目概算编制。

2）初步设计阶段

①医疗工艺二级和三级流程方案设计，包括相应以科室层级部门的调研和方案材料的搜集和整理后形成二级医疗流程方案。

②对方案设计成果的调整优化，同时展开建筑各专业的初步设计，包建筑、结构、机电各专业、医疗工艺专项、人防和消防等项目所需的各项设计工作全面展开。

③完成人防和消防的报批报审，市政设施的各项设计工作的衔接和推进。

④精装、景观、幕墙、泛光和标识的方案完成和确认。

⑤设计概算完成报批。

3）扩大初步设计阶段

医疗项目类属于大型公建项目，设计工作相对复杂，项目的功能设施繁多，设计过程中所涉及的信息、方案研讨、流程审批工作较多，通常的初步设计阶段比较难达到该阶段各项成果文件所要求的深度和审批意见。有鉴于此，大型公建项目通常会增设一个扩大初步设计的工作，来对初步设计的成果和细节进一步地提升。

扩初各项工作基本就是初步设计工作各项工作的深化，同时也是为接下来的施工图设计做好各项设计前提的工作准备。

4）施工图设计阶段

项目招标投标和开工建设所需要的全部各专业、医疗医技专项设计的设计图纸、技术说明和设计需要提交的各种设计过程资料。

由于设计内容成果繁多，可依照设计工作成果具体情况，制定或调整各专业和专项的出图时间。

至此，项目在现场施工开始之前、前期的设计工作完成。接下来的设计工作将转入以配合建设单位的招标采购、施工图纸交底、现场施工阶段的各项设计工作为主的阶段，设计工作计划将以项目总计划、招采和施工计划为主来参与设计各项工作。

5）设计工作计划的执行要点

①计划内容：编制、报审、修改项目一级总控计划、年度（季度）计划及各专项设计计划。

②督促设计单位按设计计划完成前期报批和设计；跟踪设计计划执行全过程，检查各专业设计进度计划结果。

③项目组需对实施过程中产生的偏差采取有效措施实施纠偏，确保计划按时完成。

（3）开展方案设计

1）方案设计阶段的主要工作：

①贯彻落实全面对标国际最高标准，打造城市建筑精品，秉承"安全耐用、经济舒适、美观大方、绿色生态、适度超前"的设计理念。

②设计方案应在充分了解设计需求及设计边界条件的基础上，本着"需求实事求是、布局因地制宜、功能主次分明"的原则，确定建筑总平面、各功能用房的平面及空间布局、建筑外立面的风格及主要材料，同时应考虑到其他各专业的需求。

③项目组需与使用单位充分沟通，避免设计反复，可定期组织召开设计例会，使用单位需派人参加例会。

④此阶段，与使用单位共同确定各功能用房的平面及空间布局、建筑外立面的风格及主要材料，同时应详细考虑其他各专业的需求。

⑤在方案优化工作完成后，开展方案深化设计工作，在初步设计前反推结构体系、设备选型、幕墙体系的可实施性。

⑥方案设计完成后使用单位出具书面意见予以确认。

2）方案设计文件应包含：

①设计说明书。包括各专业设计说明以及投资估算等内容；对涉及建筑节能、环保、绿建、人防等设计专业，其设计说明应有相应的专篇内容。

②总平面图及相关建筑设计图纸，包括项目周边的市政衔接方案。

③设计合同与委托书所列明的成果，包括透视图、鸟瞰图和模型、BIM 三维图影像等。

④其他建设方所要求的方案成果文件、特殊关注的专项方案和技术方案议题等。

（4）编制可研

在项目完成前期的策划方案之后，依照建设项目前期工作流程，项目的建设或投资单位需要聘请有经验和相应资质的专业研究机构对拟建项目所涉及的包括法律法规、经济、社会、技术以及项目建设和完成后对项目所在区域的影响情况进行具体深入的调查和分析研究，确定项目建设中的有利或不利因素，分析项目的必要性，论证项目是否可行，对项目建设的社会和经济效益进行权衡，从而为项目建设方和投资主体提供决策支持意见，或申请项目主管部门批复的可行性研究文件。

项目可行性研究报告要根据项目建设的内容及规模开展编制工作，可研报告内容应全面完善，避免缺项漏项，成果文件在依次完成初稿、讨论稿和专题评审会论证优化之后，成为最终上报发改委的项目可行性研究报告。

可研报告主要涵盖内容诸如项目建设的必要性、同类项目市场和竞争分析、项目规模方案与经济技术指标、项目资金来源和筹措融资方案、项目的社会和经济效益与影响情况分析、环境影响、项目建设风险预测或分析等内容。

可研报告作为项目前期关键文件之一体现在：

1）向政府主管部门和发改委进行项目备案，对项目立项、投资和建设规模进行行政审批。

2）项目投资方与金融贷款机构向拟建项目投放贷款的基础性文件。

3）项目进行融资和对外招商合作的可行性研究。

4）办理项目建设或运营阶段各种商业或配套的可依据性文件。

3.2.3 初步设计阶段

（1）开展详细勘察

1）详细勘察目的

详细勘察通常在方案设计后期和初步设计的前期展开，详勘将对初勘成果中的不足之处给予补充细化，对已初步完成的项目各建筑的所在位置的岩土情况进行详细勘察，为项目初步设计提出详细的岩土工程资料、设计和施工所需的岩土参数；对建筑地基作出岩土工程评价，并对地基类型、基础形式、地基处理、基坑支护、工程降水和不良地质作用的防治提出建议。为地基基础设计、地基处理与加固、不良地质现象的防治工程提供设计数据和资料。

2）详细勘察内容

根据现行岩土和勘探有关规范规程，详勘任务书通常由设计单位编撰，勘探任务书中包括红线范围地形测量、勘察孔位的布置图、勘探孔的深度要求、主要技术要求（包括场地岩土层情况、地下水情况、岩土测试要求、场地和地基的地震效应、地基、基础及基坑支护等）、地质地貌勘察勘探、场内管线探测、成果表述要求及岩土勘察作业的具体要求。主要勘探内容包括：

①详细查明场区内各层岩土的类型、结构、厚度、成因、分布规律及其物理力学性质。

②详细查明场地和地基的工程特性、分析和评价场地和基坑的整体稳定性、地基均匀性和承载力。

③详细查明不良地质作用的类型、成因、分布范围、发展趋势及危害程度，提出整治方案和建议，特殊性岩土的分布及对桩基的危害程度，并提出防治措施的建议。

④详细查明埋藏的河道、沟浜、墓穴、防空洞、孤石等对工程不利的埋藏物。

⑤详细查明场地水文地质条件，提供地下水位及地下室抗浮设防水位，判定水和土对建筑材料的腐蚀性。

⑥提供场地抗震设防烈度，判定场地土类型及建筑场地类别，评价场地稳定性，提供抗震设计有关参数。

⑦提供地基基础、基坑支护、边坡支护、道路桥梁基础等设计及施工方案建议及有关参数。

⑧以上未尽事宜和内容均严格按照《岩土工程勘察规范》GB 50021的要求执行。

⑨作业过程中要详细了解场地地下管线及埋藏物等情况，工程勘察中保证不损坏地下管线及埋藏物。

⑩若项目前期已确定全过程工程咨询单位或监理单位，需由其进行现场旁站，如无全过程工程咨询单位或监理单位，则需前期项目组进行现场抽查，确保勘察报告质量。勘察现场工作量的认定由全过程咨询单位或监理单位现场核查后，前期项目组签字确认。

（2）开展各专业初步设计

在完成了项目方案设计，项目前期的各项流程报审报批工作相继展开，方案设计各项成果和方案完成初步审核批准、也已获得包括建设方和运营方的认可之后，项目的设计工作随即进入初步设计阶段。

初步设计阶段的展开是以方案阶段的设计成果作为各项设计工作展开的基础，是对方案设计成果的全面深入细化和展开，初步设计在方案设计和施工图设计两个阶段设计工作中起承上启下的作用。有鉴于此，在初步设计阶段包括建设和医院的运营使用方在非特殊情况下，对方案设计的成果不能做颠覆性的重大调整，这种原则性不做重大调整通常包括建筑平面使用功能及布局、机电设备设施方案和设备选型、医疗工艺的一级和二级流程的改变等；初步设计阶段的调整带来的影响会引起设计进度、造价调整、项目前期报批报审工作的重复或再次申报等诸多影响项目总进度计划延后等不可见的风险或后果。

1）初步设计文件通常包括：

①设计说明书及各专业设计说明，涉及内容包括建筑节能、环保、绿建、人防、消防和装配式等。

②各专项设计的图纸文件资料。

③主要设备设施或材料表等。

④工程概算书。

⑤各专业设计的技术计算和设计技术依据等合约列出的交付成果等。

初步设计工作完成后，所有的成果文件均应由建设和使用单位出具书面意见予以确认。

初步设计成果文件均由具备相应资质的设计单位完成和提交，若为设计总承包单位牵头完成，除了具体设计单位印章之外，设计总承包单位亦应签字盖章确认后提交建设单位。初步设计文件包括说明、资料和图纸等部分。文件须装订成 A3 文本图册（大图可折成 A3 规格），并加盖建设方、设计方、报建人、注册建筑师、注册结构工程师图章，各专业图纸须签字齐全。设计文件上签字、盖章应符合中华人民共和国注册建筑师条例实施细则、中华人民共和国注册结构工程师实施细则的有关规定。

2）初步设计图纸

初步设计图纸大致包括：

①建筑设计图纸包括：目录、四至图、总平面图、地下室各层平面、首层及以上各层平面（各层平面注出建筑面积、首层平面另加注总建筑面积）、各向立面图、剖面（剖面应剖在层高、层数不同、内外空间比较复杂的部位）。

②结构设计图纸包括：目录、桩位及基础平面图、地下室结构平面图、各层结构平面图（选取有代表性的楼层、过渡层、结构转换层、并标注板厚及梁截面尺寸）、新型结构的构造要求或节点简图。

③给水排水设计图纸包括：目录、总平面、各层平面、给水系统图、排水系统图、主要设备及材料表。

④电气设计图纸：目录、供电总平面图、变配电站、电力平面、系统图、建筑防雷、各弱电项目系统图（方框图）、主要设备及材料表。

⑤采暖、空调与通风设计图纸包括：目录，各空调、通风平面图，主机房、热交换间主要冷热源机房平面图（设备位置及规格），特殊自控系统原理图，主要设备及材料表。

⑥热能动力设计图纸包括：目录，设备平、剖面布置图，原则性热力系统图，燃料及除渣系统布置图，区域布置图，管道平面布置图，主要设备及材料表。

⑦消防设计图纸包括：建筑各层平面防火及防烟分区、疏散路线图；消防给水排水总平面图、各层消防平面图、消防给水系统示意图；电气消防系统图、各层消防平面图；消防排烟通风各层平面图，前室、楼梯间、内廊加压系统图，各工种主要设备及材料选型。

⑧环境设计图纸包括：建筑首层平面加室外绿化、小品、雕塑等布置。

⑨人防设计图纸包括：建筑首层人防入口平面图、地下室人防平面图、各口部平面及剖面图；人防顶板结构布置图、人防底板结构布置图、临时封堵、战时加柱、防爆隔墙等大样；通风系统图与操作说明、通风平面图、滤毒室及机房、口部大样、预埋件图；地下室人防给水排水平面图、各口部给水排水平面图及系统图、人防地下室战时排水系统图；地下室人防配电平面图、人防配电系统图、进排风、水泵控制电路图、移动电站、人防配电室、进排风机室配电平面图。

3）设计说明包括

设计总说明开篇要对项目设计工作进行总体设计表述以及设计参数的总体介绍；此外还应涵盖各个专业和专项的设计说明，诸如建筑、结构、给水排水、电气（强电、弱电、智能化及安防）、空调与通风、消防、环保、人防、交通、概算等各专业专项的设计说明。

①设计总说明

设计依据（各种文件、法规、地理、气候条件）、工程概况、工程设计的范围及规模、设计的特点及指导思想、交通组织及停车、园林绿化布置及指标、消防、环保、人防、劳动保护、职业卫生等；建筑设计的原则和标准，室内外装修标准，设备、电气系统标准及用量组成，外部市政条件，节水节电、防排污措施，医疗工艺流程及特点，结构选型及特点，抗震设防等；总指标（主要技术经济指标、总概算投资额，水、电、建材消耗量）等。

②建筑设计说明

设计依据,工程概况,场地条件及总平面设计,竖向设计,交通环境设计,功能布局,水平及垂直交通设计,单位平面、立面、剖面设计,地下室及屋面防水措施,门窗表,主要技术经济指标（总用地面积、总建筑面积、地上建筑面积、地下建筑面积、地面建筑基底面积、覆盖率、容积率、绿地率）等表述。

③结构设计说明

设计依据、工程概况、工程地质概况、荷载取值、抗震设防烈度、结构安全等级及抗震等级、材料选用、结构设计（结构选型、基础形式、主要构件截面尺寸等）、结构计算（分析方法、计算内容、计算结果、计算结果小结）、按规定需做的地灾安全性评价和时程分析计算、特殊结构分析处理、新技术与新材料的应用、基坑支护方案、人防设计等。当设有结构转换层时,需说明转换层计算方法、梁板截面尺寸、上下层刚度比和框支柱轴压比。

④给水排水设计说明

设计依据、工程概况、设计范围、给水系统（水源、用水量、室外给水系统、室内给水系统）、室内热水及饮用水供水系统、消防系统（消火栓给水系统、自动喷水灭火系统）、循环水系统、排水系统（市政排水系统、污水日排放量、雨水排水量、室外排水系统、餐厅厨房污水处理、粪便污水处理排放、室内排水系统、屋面雨水排放、洁具选型）、人防给水排水（给水、排水）、采用的节水、节能措施、防污染措施、主要设备及材料表等。

⑤电气（强电、弱电）设计说明

设计依据,工程概况,设计范围,强电、弱电设计,设备用电负荷统计表,总电力供应指标,主要设备材料表等。强电设计应包括：供电设计（负荷等级、供电电源及电压、系统、变配电站、继电保护与计量、控制与信号、功率因素补偿方式、供电线路和户外照明、防雷与接地）;电力设计（电源、电压和配电系统,环境特征和配电设备的选择,导线、电缆选择及敷设方式,设备安装,接地系统）;照明设计（照明电源、电压、容量、照度标准及配电系统形式、光源及灯具的选择及控制、配电设备的选择及线路敷设方式、照明设备的接零或接地）;自动控制与自动调节（工艺要求、控制原则、仪表和控制设备的选型）;火灾自动报警及联动控制系统;人防地下室战时电气系统（供电电源、战时照明、线路的选择及敷设、接地）、建筑与构筑物防雷保护。弱电（建筑智能化）设计应包括：楼宇自控系统设计、保安电视监控系统、停车场管理系统、通信设施系统、电脑经营管理系统设计（智能化网络）、综合布线、中央广播音响系统和有线电视（CATV）系统等。

⑥空调与通风设计说明

设计依据、工程概况、设计范围、采暖系统、通风系统、制冷系统、防烟系统、排烟系统及主要设备材料表。

⑦热能动力设计说明

锅炉房：设计依据、工程概况、设计范围、热负荷的确定及锅炉型号的选型、热力系统及辅机选择、烟、风系统和环保措施、简述锅炉房及附属间的组成、对扩建发展的考虑等、技术经济指标。

室内外动力管道：设计依据、设计范围、各种介质负荷的确定、管道及其敷设、主要设备及材料表。

⑧消防设计说明

设计依据、工程概况、总平面、建筑及结构部分、消防系统、火灾自动报警及联动控制、防烟及排烟设计说明等。

⑨环保和排污设计说明

设计依据、工程概况、设计的范围及设计原则、废水治理、废气治理、噪声治理、固体废物治理和环境设计（绿化、美化环境）。

⑩人防设计说明

设计依据、工程概况、设计的范围及设计原则、建筑部分、结构部分、人防给水排水、人防地下室战时电气系统设计和通风空调设计（平战结合通风、排风系统设计）。

⑪概算编制说明

设计概算文件须完整反映工程项目初步设计方案所相对的建设费用内容，严格执行国家有关的方针、政策和制度，实事求是地根据工程所在地的建设条件（包括自然条件、施工条件等影响造价的各种因素）、按有关的依据性资料编制。概算设计文件应包括：编制说明（工程概况、编制依据、建设规模、建设范围、不包括的工程项目和费用、其他必须说明的问题等）、总概算表、单项工程综合概算书、单位工程概算书、其他工程和费用概算书和钢材、木材和水泥等主要材料表。

总概算书是确定一个建设项目从筹建到竣工验收交付使用所需全部建设费用的总文件，通常包括三个部分：建筑安装工程费和设备购置费、其他费用（如土地征购费、房屋拆迁费、研究试验费、勘察设计费等）、预备费（不可预见的工程和费用）。

医疗设施设备购置安装的专项费用可根据项目建议书和前期建设、投资等政府专项会议确定的界定范围说明来编制；通常医疗医技专用的设施设备由卫健系统和使用单位共同商议的方案进行采购和实施安装。

（3）组织各专业评审

1）提交进行初步设计评审的成果文件应完整全面，满足设计任务书的要求，设计图纸满足相关法规规范、编制深度规定和报建的要求，设计概算文件所含分部分项工程全面且概算价格合理。

2）由项目组组织机构内专业组、施工图审查单位及咨询单位进行初步设计评审，必要时也可邀请相关专家参加评审，评审前相关专业工程师应提前熟悉评审内容。

3）初步设计评审的主要内容包括：设计内容是否完整，设计文件是否达到规定的深度要求，设计方案及指标是否符合项目立项批复、设计任务书、节地、节能、环保、消防、抗震、卫生、安全、人防等有关标准和规范，审查是否符合环保、节能、安全等原则及公众利益，设计概算是否可作为投资控制的依据。

①设计内容评审

a.设计资质符合性审查、设计文件和内容的完整性审查、工程概算编制依据和方法审查、设计深度初步评价等。

b.应涵盖建设项目可行性研究报告批复的全部建设内容。

c.应全面深化可行性研究报告的内容，即将可行性研究阶段确定的技术路线、工艺方案、设备方案、工程方案、建设内容、建设规模建设标准等重大问题通过设计说明书、设计图纸、设备选型表、概算书等形式进一步具体化。

d.对涉及重大变更的内容，在初步设计文件中必须作专门说明表述原因和理由，甚至重新进行可行性研究论证。

②设计深度评审

初步设计文件编制要符合包括《建筑工程设计文件编制深度规定》和《市政公用工程设计文件编制深度规定》等各专业设计文件的规定要求。

初步设计文件深度的原则是：a.工程或技术（含工艺）方案至少有两个方案的比选、分析和论证，推荐方案提供的数据确切合理，理由充分，有分析论证依据，主要技术问题都得到解决；b.工艺设计方面，应做到工艺落实、工艺线路明确，工艺流程全面、具体；c.建构筑物设计方面，场区总建筑平面、立面设计应确定，水、暖、电等专业系统和设备选型、数量应确定；d.设计中采用的新工艺、新技术、新材料，应先进、成熟、安全可靠和经济。

③标准和规范符合性评审

建设标准涉及建设规模与项目构成、选址与建设条件、工艺与设备、建筑面积、建设用地、配套工程、环境保护、劳动定员等方面的要求及主要技术经济指标，设计规范与国家法律、法规、政策、安全性等有关。

评审要按照项目相关建设标准和设计规范，重点关注以下内容：a.项目建设规模及附属设施是否符合有关建设标准的规定；b.对工程建设方案的能耗、水耗、用地指标分析评价，审查是否符合节能、节水、节地政策及有关标准、规划要求；c.设计方案和环保设施是否达到环评审查意见的要求；d.设计方案是否符合节能、环保、消防、抗震、安全、卫生、人防等有关强制性标准和规范。

（4）编制初步设计总概算

项目设计总概算是在初步设计阶段和扩大初步设计阶段，在项目可研批复费用的基础上，由设计单位所委托的专业概算编制团队依据初步设计或扩大初步设计成果，参照工程概算定额、概算指标、取费标准以及设备材料同期价格等资料，概略地编制计算拟建工程从立项开始到项目建设完成所发生的建设总费用，确定建设项目从筹建至竣工交付生产或使用所需全部费用的经济文件。

建设项目设计概算是设计文件的重要组成部分，是确定和控制建设项目全部投资的文件，是编制固定资产投资计划，实行项目建设投资总控的依据，是政府投资项目建设管理机构向发改和财政申请项目建设费用的纲领性文件，同时也是项目实施全过程造价控制管理以及考核项目建设的经济合理性的依据。

设计概算由前期设计阶段政府投资项目建设管理机构所委托的设计院负责编制，并对概算编制的质量和概算成果负责。设计概算文件的编制形式通常可根据项目建设规模和项目建设的分期情况来选用相应的概算编制形式。

1）初步设计概算文件编制程序：

①编制准备工作

收集并整理工程设计图纸、初步设计报告、工程布置、工程地质、水文地质、水文气象等资料掌握施工组织设计内容，如砂石料的情况，主要工程施工方案、施工机械、对外交通、场内交通条件等，向上级主管部门、工程所在地有关部门收集税务、交通运输、基建、建筑材料等各项资料，熟悉现行水利工程概预算定额和有关水利工程设计概预算费用构成及计算标准；收集有关合同、协议、决议、指令、工具书等。

②进行工程项目划分，详细列出各级项目内容。

③根据有关规定和施工组织设计，编制基础单价和工程单价。

④按分项工程计算工程量。

⑤根据分项工程的工程量、工程单价，计算并编制各分项概算及总概算表。

⑥编制分年度投资表、资金流量表。

⑦进行复核、编写概算编制说明、整理成果、打印装订。

以上程序概括为如下流程：编制准备工作→项目划分→编制基础单价→编制工程

单价→计算工程量→计算并编制各分项概算表→编制分年度投资表、资金流量表→编写概算编制说明、整理成果。

2）建设工程项目总概算涵盖的基本内容如下：

①工程费用：主要工程建设施工项目综合概算、项目辅助和服务性项目综合概算、室外工程项目综合概算和场外工程项目综合概算等。

②工程建设其他费用：土地使用费、建设单位管理费、勘察设计费、研究实验费、联合调试运转费、生产准备费、引进技术和进口设备项目的其他费用、办公和生活用具购置费、临时设施费、建设工程监理费、技术顾问费用和工程保险费等。

③预备费、建设费用利息和经营性项目铺底流动资金等。

3）初步设计概算文件要包括以下内容：

①概算编制说明

a. 项目概况，简述项目建设的建设地点、设计规模、建设性质（新建、扩建或改建）、工程类别、建设期（年限）、主要工程内容、主要工程量和主要工艺设备及数量等。

b. 主要技术经济指标，项目概算总投资及主要分项投资和主要技术经济指标（投资指标）等。

c. 资金来源，对资金构成和来源渠道进行说明。

d. 编制依据。

e. 附录表，建筑、安装工程工程费用计算程序表，便于概算进行说明的其他附表及附件。

f. 其他需要说明的问题。

②总概算表

由项目建设工程费用、其他费用、预备费以及要列入项目概算总投资中的费用构成。

设计概算的编制过程及编制人员须与设计团队和项目可研团队保持密切的联系沟通，在前期方案设计与概算编制过程中，将会有一些项目实施和设计方案的调整优化，设计概算的编制一定要及时准确地把这些调整变化通过对项目概算的编制反映在概算的成果文件当中。概算的编制必须建立在正确、可靠和充分的编制基础之上。

项目设计负责人和概算编制负责人要对全部概算的成果文件质量负责。在编制过程中，设计和概算编制人员需参与项目设计方案的讨论，做好项目方案的技术经济比较工作，以此来选出技术先进、经济合理的最佳设计方案。设计要坚持委托单位正确的设计指导意见，树立起经济合理为中心的理念，按照批准的可行性研究报告、项目立项批文所规定的建设内容和投资指标额度进行限额设计；要严格按照规定要求，提出满足概算文件编制深度的设计技术资料。概算编制人员要对投资的合理性负责，杜绝不合理的人为增加或减少的投资额度。

初步设计概算编制完成之后，在及时报送政府投资项目建设管理机构的同时，抄报项目前期各顾问团队，先行征询各方的审核意见。在收集归纳各方对概算初稿的意见之后，对概算成果稿中不尽合理和欠缺的数据、说明和方案进行必要的优化和调整。政府投资项目建设管理机构和委托单位可视概算成果繁杂和需要程度，决定是否召集初步设计和概算业内的专家对概算进行论证。初步设计成果文件的内容和质量必须满足概算编制要求，无缺项漏项。项目总概算经使用单位确认后进行申报。

3.2.4　施工图阶段

（1）开展施工图设计工作

在完成了初步设计之后，设计工作进入施工图设计阶段。在一些大型医院建设项目中，如果功能相对复杂、设计时间相对充裕的前提下，通常会在初步设计阶段完成之后，加入扩大初步设计的阶段。把初步设计时间适当延长，成果相对更为优化，以此来保证设计成果质量，同时扩大了设计阶段过程中的调整与优化的时间。施工图要满足建设方对施工总承包单位的招标文件编制所需要的各项招采文件编制的要求，要满足现场施工的深度要求，要满足项目建设所需要的各项材料和设施的招标采购工作要求。

1）施工图设计文件应包括如下内容：

①项目建设所涉及的所有专业的设计图纸，包括设计说明、设计图纸目录、设计对施工过程和施工工艺的技术要求、设备和材料清单等。对于涉及建筑节能设计的专业，其设计说明应有建筑节能设计的专项内容。

②项目工程概预算文件，具体成果文件由双方合同要求内容界定。

③各专业的设计计算技术资料。

2）施工图设计应遵循精细化设计的原则，前期项目组应督促设计单位加强校审，确保设计文件的正确性、完整性和可实施性，并组织施工图审查。

3）严格根据项目批复概算批复的功能、面积、投资标准进行施工图设计。施工图预算不允许超过概算批复投资指标，原则上不能对概算批复的功能、面积及分项投资指标进行调整，必须调整时，应组织专家论证并报发改、规划等部门批准。

4）施工图深度必须符合国家《建筑工程设计文件编制深度的规定》《城市规划编制办法》《关于报审建筑工程设计内容及深度的规定》及建设单位各项设计工作指引等各项设计要求。钢结构、预应力、幕墙、景观、装修、智能化、泛光照明、厨房、医疗建筑医疗专用设施系统等专项设计文件，须满足施工招标要求。其余设计成果和服务须满足施工招标和现场施工要求。设计应提供设备、装修材料样板（2～3个），供施工招标时选定带参数的招标样板。

5）施工图精细度应以图纸的"错、漏、碰、缺"问题的类别和数量为衡量依据，做到精细化设计，尽可能减少后期变更。

6）施工图设计完成后，使用单位出具书面意见予以确认。

（2）组织各专业评审

在项目设计工作推进的方案设计、初步设计、扩大初步设计和施工图设计的四个阶段中，施工图设计阶段是对设计成果进行建设方确认和接受与否的关键阶段，在这个阶段当中，鉴于建设单位的项目团队技术力量和知识业务经验所限、所缺，难以对设计院提交的成果文件的接受和合格与否的评价给出意见，因此借助第三方的知识、技术和经验对设计成果进行评议和指导意见也就成为建设单位组织专业评审的起因和设计管理的措施。

作为设计阶段和出图成果最后一项重要的设计管理工作，施工图评审也是施工之前建设单位对设计全部成果进行全专业的图纸内容和质量的最终评判。施工图评审已渐成设计阶段尾声的最关键的工作之一。

设计评审通常从工作分配上划分为内审和外审两大类。

1）施工图内审

内审可由项目组牵头项目建设单位内部的专业组，由分管领导布置进行设计图纸成果的内审。

①常规专业（总图、建筑、结构、普通装饰、幕墙、电气、泛光照明、通风空调、给水排水、智能化、室外配套、节能、民防、消防、燃气、电梯等）的审查，建设方或项目团队可根据自身技术力量和专业配备来挑选或决定哪些专业可以完成内审或以内审为主的审查方案。通常对特殊的专业或设计复杂专业和图纸以组织外审为主。

②施工图成果的内审，要注重对设计说明、图纸表述的细节质量进行核查，是否满足项目建设各项工作的要求；重点审查图纸是否正式签署、图纸正确性、各专业间关系是否协调、是否符合相关规范要求、可实施性是否满足要求等。

③项目组和建设单位可组织项目聘任的技术和顾问团队全程参与施工图纸的内部审查各项工作。

④内审完成之后的意见成果可由项目组安排组织进行专业划分整理后，书面对设计院的图纸补充和整改各项工作进行布置，并要求限期完成审核意见的答复和图纸补充。对于审查过程中的重大图纸失误或缺项，可依照设计合同的条款对施工图的责任

主体单位进行相应的过失责任追究和惩戒。

2）施工图外审

外审根据审核组织流程可分为三种形式：

①施工图设计专家评审会。

由建设单位从外部聘请设计和医疗系统知名专家分门别类对设计图各专业的成果文件进行审核，提出合理或更加有利于项目设计方案、费用成本和施工的优化建议。

设计成果评审的主要工作为聘请业内知名专家、提前向专家发放相应待审设计文件、向专家发放评审工作要求和空白咨询审查意见记录表（表 3-2）、组织专家组踏勘现场（如果认为需要）、召开专家评审会、完成专家组评审意见和签证等工作环节。专家组通常由单数 5、7、9 人组成。通常包括工艺、建筑、幕墙、结构、岩土、给水排水、暖通空调、电气、概算等方面的专家；大型或复杂的工程，个别重要的议题或专业，其专家聘请一般不少于 2 人。

对超大规模且有重大社会影响项目，建设方可在各专业专家预审之后组织召开设计成果评审大会，除专家之外再邀请项目建设有关的规土和建设的归口管理相关部门参加评审大会。会议主要议程为设计单位介绍项目的设计成果、专家讨论发表审核意见和专家组意见、项目主管部门意见、建设方意见，最后形成评审大会参与方共识意见或会议纪要。

根据专家组或评审大会意见，设计单位要逐一在商定的时间之内给予书面正式回复，之后对于采纳或需要修改、补充和调整的评审意见要逐一落实到设计图纸中，对建设单位或专家团组给予专题汇报。

评审报告应论据充分、数据准确、文字简练、结论明确。在项目的技术、工程、经济和意见表述各方面均要避免出现失误。

②委托或聘请专业设计咨询单位完成第三方审查。

③由施工图强审单位完成具有流程所要求的施工图强制审查，并获发相应的"合格证"文件。

建设单位可以根据项目建设和设计工作的需要来制定施工图评审的方式。为保证设计进度，提高工作效率，外审可与内审合并进行，但外审不能替代业主角度的内审。

设计方案和图纸成果的第三方评议工作是设计管理和方案产生过程中必不可少的重要技术和行业标准所要求的工作，也是贯穿整个项目建设全过程的技术管理工作。

专家评审会意见 表 3-2

工程项目名称	
项目使用单位	
项目建设单位	
全过程咨询单位	
设计单位	
医疗工艺咨询单位	
评审会议题类别	□医疗工艺、□招标文件、□图纸、□技术及设计方案、□材料及设备、□其他专题
与会评审人员	

评审意见记录

评审会意见说明	
评审人员签字栏	

3）建立项目设计评审工作责任制

①指定项目负责人对项目评估工作的全过程负责。

②聘请专家参加项目评审，成立专家组并选定专家组组长，负责主持专家组评审、专家会意见汇总签字以及评审和设计回复意见之后的图纸调整等各项工作的再评定。

③评审工作各专业责任人应按项目评审的要求，严格把好进度和质量关，避免在设计条规和技术方案措施上出现重大失误和追责。

④评审报告除由于保密要求不宜公布外，在经过建设委托单位同意后可以有组织地向有关部门发表，取得社会的监督。

⑤因评审工作质量高，且提出重要意见和建议，使得项目建设节约较多投资，大幅度提高投资效益或避免较大损失的内审或外审人员或单位，建设单位可以酌情给予表扬和奖励，包括推荐参加全国和省级工程咨询优秀成果评选。

⑥参与项目评审工作的评审人员须加强保密，参加项目评审工作的单位和个人，未征得建设单位和设计单位同意，不得将评审项目有关的文件、资料和数据对外提供。

⑦对于项目需要特别关注的评审内容，建设单位可据需要设专门章节进行评审、论述，以反映项目特殊性要求。

3.2.5　施工配合阶段

项目进入现场施工阶段后，设计单位从图纸设计工作转入施工配合阶段。从施工单位招标投标阶段开始，设计单位要协助建设单位一起完成包括总包招标合同文件的草拟和招标技术要求编制等配合工作。现场施工作业开始后，要参与包括核查工程量、核对施工方案是否能满足设计的质量要求、对施工精度和材料设施提出要求，同时参与现场监理组织的例行会议和质量巡查、参与施工过程中各个阶段和工序的完工与竣工验收等工作。

（1）施工图技术交底

设计院要及时提交现场施工作业所需的全套完整图纸，供建设单位、施工单位先行熟悉图纸及了解施工工艺。项目组做好各专业的交底准备工作，各专业主要设计人员要到场参加专题施工图交底会议。设计院要对设计和图纸进行全面细致的介绍，结合项目施工所需全面交底和重点介绍，解答疑问并形成纪要。设计院根据工程类别和规模，选派驻现场设计代表，按施工进度安排不同专业人员驻场，参加例行质量巡查和及时解决施工问题。

（2）跟进样板间建设效果

由于医院项目各种医疗医技功能对设计和施工均有不同的工艺要求，因此在施工阶段各种工艺、材料和施工样板（间）的工作繁多，施工样板的实施和验收均应在设计院图纸要求以及现场指导的前提下完成建设，经过各方现场验收之后，各个样板要作为现场施工的质量和感官标准予以执行。

建设单位可以根据具体情况要求设计单位提议材料样板，或景观施工现场所需绿化苗木基地信息，从而避免出现现场施工和设计图纸效果不符的情况。施工阶段严控材料设备选型定样，可以做样板的工程内容必须做样板，样板没有获得认可不可施工。样板被认可后，严格按照样板施工。保证项目设计效果与实施效果一致。

（3）项目设计管理后评价

对项目实施全过程的设计工作后评价是设计管理工作中一件非常重要的设计质量和成果管理工作。由于医疗建筑项目工期长、工艺繁杂、各种技术和施工方案的调整时有发生，设计管理后评价工作就要从项目设计工作开始，实时搜集汇总项目实施过程中阶段性、节点性设计和施工以及竣工验收阶段发现的各类设计调整和变更、设计缺陷和问题，要对其中的共性且涉及设计和图纸的问题展开重点研究，并内部进行宣贯，指导后续项目的设计，避免同一问题再次出现。

3.3　基于某大型医疗项目的设计管理要点

3.3.1　医疗项目交通与停车

大型医院的交通规划是一项复杂的系统工程，涉及面较广，仅从交通本身难以根本解决。除了研究医院周边片区交通及医院内部交通组织外，还需从医疗资源分布、医院选址、分级诊疗制度及就医流程等方面进行研究，从本源上解决大型医院交通问题，提升医院就医体验。

近年来，随着城市化进程的加快，医疗服务供给能力的不断完善，大型综合医院的建设势必增加城市交通压力，而传统医院缺乏系统化、人性化考虑的交通规划设计，会影响患者就医体验，导致医院运营效率低下。

（1）大型医院面临的主要交通问题

就医高峰与城市交通早高峰重合。大型公立医院大多位于工作岗位集中的城市核心区，周边道路交通压力较大，而就医高峰与城市交通早高峰重合，则加剧了城市交通拥堵的问题，特别是医院出入口处车流相互干扰，进院车流排队溢出，占用市政道路随意停车，极易加剧城市道路拥堵。

停车位供需不匹配。建设较早的大型医院普遍存在用地紧张、停车设施供给不足的情况。根据《深圳市医院建设标准指引》（2016）规定，医院需按照每张病床1～1.8

个车位的标准设置机动车停车库。而调查数据显示，深圳大多数已建成医院的停车位规模还远达不到这一指标，停车供需不匹配及周转效率低等多种原因，造成了医院停车难、出入口排长队、乱停乱放的现状。

出入口设置不合理。进出交通组织混乱大型医院内部人流、车流复杂，医院早期规划未进行交通影响评价，出入口未根据实际需求进行合理的分类设置，主出入口承担功能过多，导致不同交通混杂，互相干扰。门诊、急诊及住院探视车辆混流，出入口拥堵不堪。此外，医院对外缺乏急救车绿色通道，救护车与其他车流混流，高峰期紧急就医交通难以保障。

未与城市公共交通有效接驳。大型公立医院建设需要与周边轨道交通、常规公交等公共交通设施较完善，但医院在规划早期未考虑与地铁站、公交站的无缝衔接，或者部分站点距离医院过远，给选择以公共交通方式抵达医院的病患带来不便，不符合人性化的交通服务理念。

缺乏人性化接驳设施。随着人民生活水平的不断提高，且考虑到就医患者身体不适的特殊情况，乘坐出租车、网约车抵达医院的患者比例日益增加。而医院周边未设置出租车、网约车及其他社会车辆专用接驳区或即停即走通道等设施，车辆在医院出入口随意上、落客停车现象突出，影响了医院进出交通的有效组织（图3-1）。

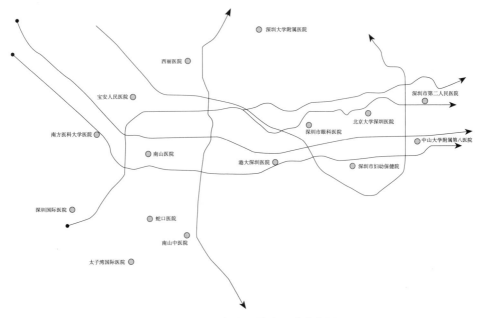

图3-1　深圳市大型综合医院分布图

（2）大型医院交通组织原则

医院交通特征分析大型综合医院交通需求在交通构成、时间分布及停车需求三个方面呈现的主要特征为：

其一，小汽车出行比例高。以深圳市综合医院为例，患者就诊选择的交通方式中，小汽车、出租车比例较高，约占40%～60%。

其二，交通流到达集中，离开相对分散。医院交通流量高峰期有三个时间段，分别为7：30～8：30、13：30～14：30和16：00～17：00，其中7：30～8：30和13：30～14：30为到达高峰期，占全天总量的35%～55%，16：00～17：00为离开高峰期，占全天总量的10%～15%。各高峰期需求特征如表3-3所示。

医院交通流量高峰期分布特征　　　　　　　　　　表3-3

	第一高峰期	第二高峰期	第三高峰期
时间分布	7：30～8：30	13：30～14：30	16：00～17：00
需求构成	现场挂号、上午就诊、职工上班通勤	现场挂号、下午就诊	患者离院、职工下班通勤
全天占比	20%～30%	15%～25%	10%～15%

其三，停车需求高度集中，全天周转率低。医院早高峰时段进出交通量极不平衡，停车需求量激增，在10：30即达到峰值（表3-4）。根据调研统计，就医平均停车时间接近3.5小时，导致停车位周转率低。

深圳市新建医院停车位设置情况　　　　　　　　　　表3-4

项目	用地面积（m²）	床位数	床均面积（m²）	总建筑面积（m²）	停车位	车位/病床
坪山区人民医院	111 659	2 000	225	462 610	2 400	1.20
宝安区人民医院	71 105	2 800	220	616 860	2 800	1.00
南山区人民医院	86 760	2 500	237	592 368	2 400	0.96
新华医院	57 759	2 500	214	535 807	2 800	1.12
市中医院光明院区	111 574	2 000	220	440 225	2 600	1.30
大鹏新区人民医院	97 020	2 000	209	417 775	2 000	1.00
市第二儿童医院	40 073	1 500	210	315 332	1 500	1.00
人民医院龙华分院	11 948	1 000	194	183 905	1 200	1.20
坪山区第三人民医院	35 044	800	224	178 885	1 065	1.33

医院交通组织原则。首先，以人为本，合理布局，医院各类设施布局及交通组织应当以人性化关怀为出发点，提升患者就医的便捷性、舒适性。其次，分类分流，高

效组织，医院交通组织应做到人车分离，通勤交通与就医者交通分离，公交、出租车、社会车、急救车、污物车分类分流，减少相互间干扰，保障人车安全高效运行，同时避免交叉感染。最后，绿色低碳，公交优先，引导医院职工、访客和部分就医者利用公交出行，集中资源，为患者提供便捷交通服务（图 3-2）。

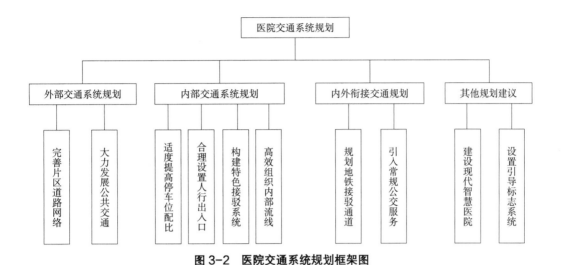

图 3-2　医院交通系统规划框架图

（3）大型医院交通系统规划

以坪山区人民医院迁址重建项目为例，从外部交通系统、内部交通系统、内外部交通衔接等几大方面研究大型综合医院交通系统规划，制定规划策略（图 3-3）。

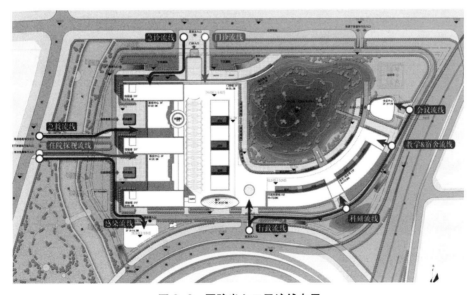

图 3-3　医院出入口及流线布局

第一，大力发展公共交通，引导患者绿色出行。加大医院周边公共交通设施投入，增设轨道、公交站点，优化常规公交线路，加强公共交通设施与医院的衔接，提供高品质公共交通服务。引导患者通过公共交通绿色出行，有效缓解医院交通压力。

内部交通系统规划。首先，适度提高停车位配比，有效改善医院停车难。针对医院停车供需不匹配、停车难的问题，深圳市新建医院按高标准配建停车位，充分利用地下空间，按照每张病床 1 ~ 1.8 个车位的标准设置机动车停车库。针对用地紧张的部分医院，则根据用地条件，灵活采用立体停车楼、地下室机械车库等智能化停车设施，切实改善医院的停车难问题。

第二，合理布局人行出入口，实现功能分类设置。为避免不同流线的相互影响，医院出入口布局应根据建筑的功能分类设置，有效分流门诊、急诊、住院探视及行政科教流线，并避免与进出院车流混流，建立人车分流、安全高效的就医空间（图 3-4）。

坪山区人民医院迁址重建项目将主要的门诊出入口设置在场地北侧，有效组织门诊及住院探视流线。场地西侧设置了急诊急救出入口和感染楼次入口，组织急诊急救及感染流线。行政科研等功能独立设置在场地东南侧，避免公众干扰。

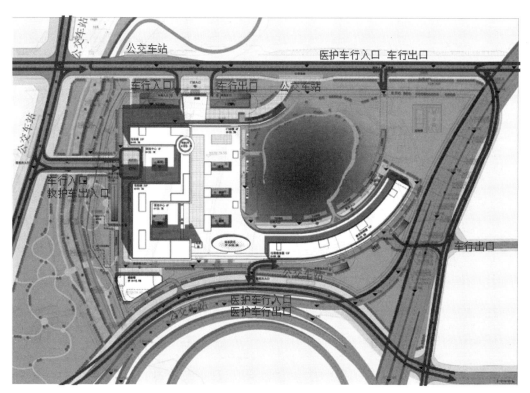

图 3-4　医院内外部交通组织流线示意图

　　第三，构建特色接驳系统，提供人性化多元服务。坪山区人民医院迁址重建项目充分利用场地与周边道路高差，创造一个双首层访客到达体系，位于东侧市政道路的主出入口设置于大楼二层，一层则设置交通接驳区，结合下沉庭院设计，有效引导出租车、网约车快速便捷到达落客接驳区，并采用单向循环设计，提高进出车效率。患者则可通过医疗街中的扶梯与电梯，无风雨地到达门诊、急诊、医技及住院各功能单元（图3-5、图3-6）。

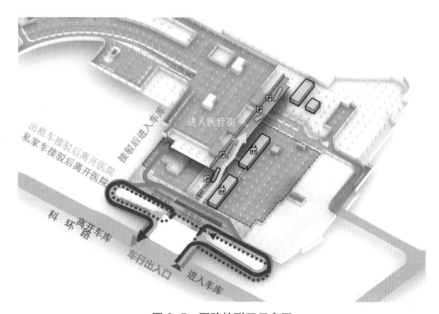

图3-5　医院接驳区示意图

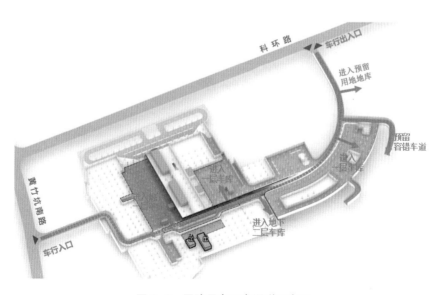

图3-6　医院贯穿下穿通道示意图

同时，结合接驳区在一层设置公共服务平台，包含各类餐厅、美食广场、书店、鲜花礼品店等配套服务功能，为全院提供更多人性化服务。

第四，高效组织内外部车流，分类分流互不干扰。精心组织内外部各类车流线，以人性化的交通条件提升就医体验，遵循"分类分流、通道专用、急救优先"的组织原则。

私家车流线：方案在创作路与创富路分别设置一进一出车行口，采用右进右出的方式进行交通组织，并为进出交通预留出足够的排队空间，降低对周边路网的影响，提高进出车效率。将主要的交通出入口设置在场地东侧，以避免公交首末站进出车辆对医院交通造成巨大干扰。主要入院车辆通过北侧车行入口驶入地下停车场与接驳区，再通过门诊广场南侧车行出口驶出医院，出入院车辆互不干扰。

救护车流线：急救车设置专用绿色抢救通道，提高医院救治效率。急诊急救出入口通过绿化带缓解场地内外高差，并在场地内部形成宽阔的急救广场，可以应对各类突发急救事件。

洁物流线：洁物供应流线沿场地东侧设置，相对独立，便于管理，并与主要车行流线有效分离，互不干扰。

污物流线：沿创作路设置独立的污物出入口，提升污物进出安全性，利于医院院感控制。

内外衔接交通规划方面，规划步行专用通道，有效接驳轨道交通。坪山区人民医院迁址重建项目周边轨道交通服务便捷，地铁19号线（规划中）距离医院约200米，为方便市民来院就诊，设计了专用公交接驳区，既避免公交车排队过长影响城市干道交通，又与医院主入口建立无风雨联系，符合医院人性化设计原则（图3-7）。

其他规划建议：

其一，建设智慧医院，利用信息化工具，优化就诊流程，缩短就诊时间，既改善就医体验，又缩短病患就医时间，提高车辆周转率。医院后期运营中，采用预约门诊模式，将医院就诊人流有效分流，避免人流集中在高峰期就诊，进一步降低医院早高峰车流压力。

其二，科学设置引导标志。科学的交通标识导向系统是医院交通组织最为有效的手段之一，分为外部交通引导标识和内部交通引导标识两类。

医院外部交通引导标识主要指周边市政道路上所设引导标识，应根据市政道路交通标志标牌相关规范合理设置，引导车辆快速进入医院，避免车辆绕行，减少就医车辆对道路运行的影响。

医院内部交通引导标识设计应在科学的建筑方案布局基础上，充分利用室内外、

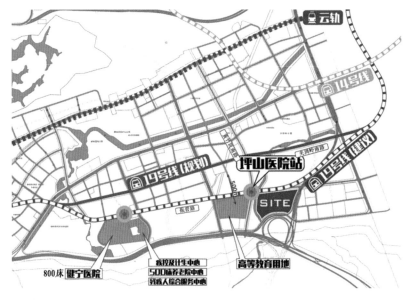

图 3-7　地铁接驳通道示意图

地面、墙面、空中等区域，尽量做到简洁明了、美观大方，与环境融合、协调，并且随着科学技术的进步，越来越注重电子显示和多媒体引导系统在引导标识系统中的应用。

此外，为方便老人、残疾人士及病弱群体，在医院这种特殊的复杂环境中，应注重无障碍设施的引导系统设计。

3.3.2　医疗街模式

"医疗街"的概念最早由英国建筑师李维尔·戴维斯和约翰·威克斯提出，他们的"机变论"认为医院建筑发展迅速，需设计一个能适应功能变化的医院形态，参照城市的发展模式，医院布局内可有主干道和次干道，医疗街就相当于主街，能把各个单独的功能科室联系起来。因此，医疗街系由医院的主要廊道发展而来。

自南丁格尔护理单元出现之后，医院无论大小都有主廊道相连，后来随着医院规模扩大和需求增加，其主廊演变为医疗街。

社会的发展使医院不再是一个简单的医疗机构，而是与城市发生密切关系的复杂系统。随着人们对医疗服务要求的提高，在医疗街设计中不仅须考虑交通组织和空间组织，还应关注人们在医院建筑中交流、购物等活动的需求。

现代医疗街的设计要点应包含以下内容：

（1）医疗街的空间要素

医疗街位于医院建筑内部空间与外部环境空间的交接处，是将医院和社会功能结合在一起形成类似小城镇或小社区，并完全开放的城市公共空间。

（2）空间组成

医疗街以某个节点空间为中心，周边布置各功能科室的出入口和各种类型的商业配套，满足了因人流量大、流线复杂而带来的对医院服务空间的需求。而医疗街同时兼具景观空间、导向空间、功能空间和服务空间的功能。

（3）空间尺度

医疗街的宽度应以人流量的需求及医患的空间感受为依据。根据近期建设的大型综合医院的数据统计，医疗街系统的主干道较宽，通常为两个柱网。这样使得空间在满足人们不同需求的同时还可将医疗街主街与各科室内部的公共走廊区分开。医疗街的高度一般首层为4.2m，标准层为3.6 ～ 4.2m（表3-5）。

近期建设的大型综合医院医疗街的空间尺度对比　　　　　表3-5

医院名称	床位	长度（m）	宽度（m）	层数
上海第一人民医院松江新院	1 800	160	19	4
中日友好医院	1 000	157	6	4
深圳市滨海医院	2 000	160	28	4
安徽医科大学第二附属医院	1 000	140	20.5	4
襄阳医疗中心	1 000	160	32	4
广州佛山市第一人民医院	840	72	14.4	4

医疗街长度一般超过100m，但也不宜过长，否则会因流线过长影响医院的运营效率。同时，根据我国建筑防火规范要求，沿街建筑长度超过160m时，应设消防车道，因此医疗街的设计长度也不宜多于160m。

（4）空间比例

因为医疗街的发展是参照城市的发展模式，有主次干道，所以我们在街道尺寸的设计中，借鉴了芦原义信在《外部空间设计》中对相邻建筑之间的间距与建筑高度的比值及空间内聚性关系的研究，以医疗街宽度和高度的比值来研究医疗街空间的比例尺度。

医院建筑的层高一般为3.6 ～ 4.2m，现在一般医疗街都采用通高式，所以设计采用 $D/H=1$（D 为医疗街宽度，H 为医疗街高度），这样一来医疗街的整个界面既易识别又空间感十足。如佛山医院的医疗街为4层，宽度14.4m，高度为15m，$D/H=1$，形成了宜人的空间效果。

（5）空间序列

有序的医疗街空间组织可提高医院交通空间的识别性。医疗街内部空间由核心空间、线性空间和节点空间三者有效结合，使医疗街更具空间导向性和趣味性，易创造出层次丰富的空间序列。

1）核心空间

核心空间是医疗街设计的出发点和导引。在医疗街的设计中，由核心空间引发出一系列的空间序列且形成交叉空间，每个交叉空间的间距一般以 20 ~ 30m 为宜。

2）线性空间

线性空间是医疗街设计的连接线和脉络，由走道和连廊组成。如在坪山区人民医疗街设计中，将医疗街分为门诊街、商业街以及各科室内部的医生通道和患者通道，通过各个交通脉络连接大小不同的组织形态。

3）节点空间

节点空间是医疗街设计的小高潮，一般为通高的中庭共享空间或是垂直交通、廊桥和绿化庭院结合而成的空间。如坪山区人民医院迁址重建项目方案沿"十"字形主轴各向延伸、发散出的空间走廊伸向外部城市界面，结合大小节点空间，串联起一系列的围合院落与天井花园。在节点空间中给医患人员及探视人员提供了一个休闲、交流的场所，打破了医院建筑空间冰冷的感觉。

（6）承载街道功能——交通轴

医疗街类似于城市的主街，主导医院建筑的水平交通，为医院提供一个简单便捷的交通空间。通过主街、门诊街、医技街、医生通道、患者通道将各个功能空间组织起来，形成主次分明、脉络清晰的树状交通体系。

医疗街通过街道的形式联系各个科室，提高了医院的运行效率。同时，医院的医疗区流线复杂，一般强调三大分流——人车分流、洁污分流、医患分流，其中人流分患者流线、医护流线，物流分洁物流线、污物流线及信息流，通过医疗街起到很好的分流作用，减少了流线的聚集和交叉，避免交叉感染的发生。

（7）提升空间品质——空间轴

医疗街的长度一般较长，若空间节点单一难免导致空间乏味，所以需要丰富医疗街内部空间。设计时可以布置一些艺术品（悬挂的壁画、浮雕等），形成一条立体的室内艺术街，这样既提高空间的艺术性，又体现出医疗建筑的人情味。

随着大型医院规模的不断拓展，通高的"共享"空间出现在医疗街中，通过采光与交通空间的结合，舒缓了医疗建筑中沉闷的氛围。建筑外自然景观的渗入，使整个室内外空间变得十分融合和活跃。

人们虽身在室内的医疗街，但犹如处在室外天桥，既可避免外界环境的影响，又能享受全天候的庭院式空间，从而提高了空间品质，通过天窗与休息空间相结合创造出愉悦的室内氛围。

医疗街室内公共景观群落构成节点空间，两侧延伸的庭院景观形成线性空间，二者在中心水景汇聚并形成核心景观的空间高潮。大尺度围合庭院的节点空间与小尺度天井空间散布于建筑群落，建筑西北外侧借助大片开放空间与居民区形成医疗街空间轴的景观隔离带。

（8）彰显发展理念——发展轴

医疗街的概念不仅适用于新医院的分期规划建设，还可运用于旧医院的改造项目中。老医院因缺乏前期策划、分析，致使后期改扩建组织系统混乱、医疗流线混杂、医院运行效率降低。以医疗街串联新旧建筑的各个功能，可有效解决这些问题。

根据实际案例中充当发展轴的医疗街及改扩建方向，医疗街发展模式可分为以下四种类型。

1）单轴单向发展；

2）双轴双向发展；

3）纵横轴双向发展；

4）纵横轴"十"字形发展。

（9）营造生活氛围

在功能性极强的医疗建筑中引入非医疗空间，有助于创造具有亲和力的环境。在医疗街设计中采用"波特曼"共享空间，指包括大堂、商店、咖啡厅、花店、茶室、餐厅等多层交叉空间的设计。

这种共享空间的处理方式，打破了传统医院将一切商业功能置于建筑外部的做法。阿克什胡斯大学医院的医疗街设有休息餐饮区，维多利亚医院的医疗街中引入咖啡厅等一些非医疗空间，增加了医疗街的生活氛围，空间显得更加开放。

医疗街引入便利店、花店、银行、咖啡馆、书店等公共服务设施，以增加医疗建筑的亲和力，这种处理方式将城市生活引入建筑医疗空间中，使城市生活得以延展。设计者从心理学角度促进病人的康复，病人在进入医疗街后便能产生愉悦的情绪。

（10）医疗街设计应注意的问题

1）依规模决定是否采用医疗街模式

虽然我国近年发展迅速，但医疗水平仍相对落后，须根据国情选择合适的发展模式。医疗街模式的运用，应结合医院自身大小和功能来选择（图3-8）。

医疗街横向分栋连廊的发展模式一般适用于超过800床的大型综合医院，小型医院因人流量少、功能紧凑,采用集中型布局模式更为方便快捷,故采用医疗街并不适合。

一般医疗街连接门诊、医技和住院部,但对于专业性较强的科室联系反而不利,如癌症中心就不必使用。同时,对位于城市中心用地紧张地段的医院亦不适合采用占地较多的医疗街模式。

2)功能优先原则的医疗街设计

医院是"功能优先"的建筑,在医疗街设计过程中应首先考虑流线组织与实用功能,再考虑空间尺度,因此医疗街与垂直交通空间相接部分的"交叉空间"应尽量充裕。对于医疗街的节点,并非多多益善,而应有效控制,并对每个节点进行精细化设计,控制非医疗空间的过大化。

3)尽力提高医疗街空间的可识别性

由于医院组成复杂、科室繁多、交通面积大,因而医疗街首要是设计出简明清晰的交通流线,提高医疗效率。经调查发现,在一定区域内,视线的关注范围目标比较单纯,以 2 ~ 4 个为宜,太多了容易分散注意力难于记忆,所以常见的"工"字形和"王"字形平面定位较为明确。

然而,由于大型综合医院规模庞大、功能复杂、空间封闭、主要采用人工照明和空间形式单一等原因导致建筑内部空间可识别性不高,所以医疗街须设置明显的分流标志,在保持空间统一性的前提下提高内部空间的可识别性。

例如采用不同的装饰颜色或装修材料来区分不同科室,利用色差、光线等其他因素作为导向的参照物,以提高空间可识别性。

随着人口增多及人们对大型综合医院运行效率的关注,设计师需要创造出全新的医院建筑形象。

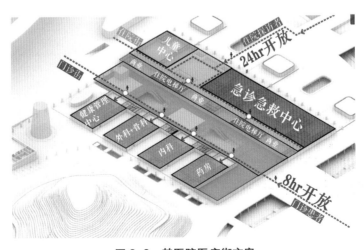

图 3-8　某医院医疗街方案

3.3.3　装修与标识

医院类项目的内装修设计大不同于其他类的公共建筑项目的精装设计，由于医院设施的功能是作为救治社会病患群体的公共建筑设施，其服务人流和目标为救治疾病患者，提供给病患包括检查、确诊、救治和康复系列性服务；同时还承担着城市和地区的防疫和卫生紧急应急的医疗健康服务、设施和救治的公共医疗卫生健康使命。医院内装设计方案原则除了一般性的公共建筑设计所遵循的设计原则之外，还要根据医院项目的功能特征，去完成其特有的精装设计材料选择、色彩、照明、标识等精装设计范畴内的各项工作。

现代医院项目设计方案的整体设计风格、材料选择、细部构造各方面要充分体现出对病患人员的呵护、关爱和便捷实用，方案要现代简洁、色彩协调、周到细致，在不同医疗功能区域采用既有连贯性又有独到之处的精装表达方式；项目精装整体设计方案要以美观、简洁、现代化、高品质、经济可行作为精装设计准则。

现代医院精装设计常见且需重点关注问题包括：

1）在现代医院内装设计案例中，一些室内公共活动区域，包括大厅、通道和室内墙面常会在平面和墙面采用部分绿植的处理模式，虽然装修后的观感带来绿色和自然的体验，但是在日后运营维护工作中，绿植的保洁、维护、质量感控方面难以控制和麻烦。因此，非特殊环境和需要，一般性考虑不建议直接采用生态绿植作为医院精装体验自然的方案，局部设置即可（图3-9）。

图3-9　某医院门诊大厅示意图

2）门诊大厅的挂号收费处除信息显示屏外，建议考虑并设置一个相对完整墙面展示专家门诊的专家介绍、当值医生的信息显示等；如果没有足够大的墙面安置，可考虑采用落地屏幕的做法（图 3-10）。

图 3-10　某医院大厅信息显示屏示意图

3）在不同的区域考虑墙面的医院文化展示，作为缓解病患人员焦虑心情的辅助手段，选用的样式和形式不拘一格；诸如大漆的金箔木雕挂件、摩崖石刻、人造砂岩雕刻、汉白玉石文字雕刻、金属铸件等造型风格各异的摆饰方法。

4）各功能科室的室内平面部署应根据三级医疗工艺平面设计方案，完成包括家具尺寸、摆放、插座设施和照明等内装设计，避免出现诊桌与诊床无法按现有图纸进行实际部署以及不便于医患和医治人员使用的情况。

5）各分诊服务台和护士站服务台要考虑轮椅病患方便，要采用高低台设计（图 3-11）。

6）挂号收费处窗口一般采用 LED 显示屏吊挂或嵌入安装，不建议使用 LED 点阵屏；除非空间位置有限或特殊信息传达的效率和便捷（图 3-12）。

7）诊室和病室吊顶材料和规格要考虑选择易更换、易拆卸、抗菌防霉、耐污耐擦洗的材料，病房可采用带轨道的成品集成吊顶。

8）医院特殊区域电梯口门套需考虑"喇叭口"形态设计，选用耐磨耐冲撞材料，诸如不锈钢或其他金属门套（图 3-13）。

图 3-11 某医院护士台高低台设计示意图

图 3-12 某医院挂号收费处示意图

图 3-13 某医院电梯喇叭口设计示意图

9）医院医疗区域可采用金属成品门，耐用、耐冲撞、易清洁、易补漆的金属钢质烤漆门。

10）公共区域卫生间建议运营方在防滑地瓷砖和仿大理石玻化砖两种常用材料中根据观感、保持干燥清洁、安全、品质的具体需要作出选择。

11）灯具选择建议：

①诊室内灯光建议使用筒灯、600×600、300×1200格栅灯，由于诊室存在围帘，为避免围帘跨越灯具，也可部分区域采用筒灯或600×600节能灯具。

②病室顶面病床灯与病床为对应关系，优先考虑防眩光灯；如采用300×600灯具建议部署在靠近床尾1/3与前端2/3交界处；病床围帘外公共区域设置筒灯两个，入口卫生间门口设置筒灯一个；病室卫生间内设置顶面灯具2个，镜前设镜前灯，VIP病室镜前设射灯；注意夜灯的设置应低于常规高度，设置在30～40cm为宜。儿童病室不建议采用LED灯具，避免蓝光处理不当损伤眼底。

③病区病人主通道灯具通常建议设置在过道两侧，可采用灯带、灯片灯或筒灯。

④放射科门口应设工作门灯，室内采用格栅灯或600×600灯片等。

⑤门诊大厅可结合内装风格需要，选择适宜的灯具和造型布设，要考虑色温和照度，合理部署光源和选择灯具。

⑥各服务窗口区域，包括门诊药房、挂号收费处、住出院窗口、体检和检验抽血窗口、食堂售卖窗口等窗口前区域1～3m范围内应增加亮度，可采用筒灯或灯带。尤其检验抽血窗口应保证亮度，可在隔断上方进一步增加光源。食堂摆餐台位置、小餐厅餐桌、体检中心自助餐区域、VIP体检餐台上方应适当使用斗胆灯或LED射灯。

⑦文化和信息展示区域、包括专家门诊一览介绍、医院文化墙等区域应增加斗胆灯或射灯。

⑧灯具除病床上方外，优先考虑LED灯具。地下车库采用LED微波感应灯。部分装饰空间可采用张拉膜。

⑨放疗机房、PET/CT、CT机房、地下候诊区、餐厅等可适当使用情景照明。

⑩后勤以及商业服务窗口吧台可适当考虑隐藏式灯带，结合设计创意和造型。中小型会议室会议桌以上应增加照度，显示会议桌中心位置。

12）分诊服务台设计：

①护士站和分诊台高区、一站式服务台高区、体检中心吧台高区、发药区、挂号收费处、住院窗口的高度建议为110～115cm左右；一般采用人造石台面；分诊台和护士站的低台设置轮椅病人座位交流的应设凹区，一般仅在低台侧设置。

②分诊台后区工作人员区域活动空间进深宽度应至少达到150cm，避免过于局促。

③病区护士站应不少于 4 个工位，工位上方为带式重点照明区域。

④发药、挂号、住出院等均有考虑一个残障窗口，高度在 78～80cm，通常考虑在靠近门的一侧窗口。

⑤发药、挂号、住出院工作区每工位宽度 150cm 左右，室内窗口区域地面抬高 18cm，工作人员坐式服务；不太建议采用窗洞模式，应全敞开或玻璃下段敞开。

⑥发药窗口夜间应卷帘封闭（卷帘也应采用通透卷帘）。

⑦抽血窗口高度为 76～78cm，病人侧应设凹区，检验师区域也应设凹区，如果设玻璃隔断的，玻璃隔断应靠近患者一侧，注意采血区上方照明提升。如运营方考虑采用抽血流水线作业，拟采用敞开设计，与抽血流水线融合考虑。

⑧门急诊大厅服务台除需要高低台设计外，服务台一般均应设不锈钢踢脚线或采用内藏灯带的造型；挂号收费和住出院处，病患客人面可在 80cm 左右高度设计外凸带，便于患者放包取物。

13）信息发布屏：

①挂号收费窗口一般采用 42 寸液晶电视机吊屏（每个窗口 1 个），并应考虑专家门诊号源显示屏合理部署（数量为 1～3 个，通常在隔断柱或附近墙面，50～60 寸）（图 3-14）。

图 3-14　某医院挂号收费及候诊示意图

②药房上方一般采用 LED 点阵条屏。

③住出院一般共同采用吊屏或与 LED 点阵屏。

④检验抽血窗口可采用条屏。

⑤候诊区部署 2 台 50 寸左右液晶电视机，应注意吊挂位置，避免影响专科形象背

景安装。

⑥各诊室门诊采用竖向部署的 21 ~ 23 寸分诊屏（薄型一体机，高度 1.45m 为下缘高度）。

⑦注意大厅 LED 全真彩屏的安装；注意散热和检修问题。

⑧如果门诊或住院大厅外部署 LED 全真彩屏或点阵屏的，位置和类型需要业主方确认，便于内外装配合，注意散热和维修空间预留。

⑨挂号收费处附近如无合适墙面展示专家一览表的，也可采用无缝拼接屏。

14）卫生间：

①病室卫生间：病室卫生间大样应注意细节，例如残障位的做法、挂钩问题、花洒高度、标本留置、毛巾架位置和长度、肥皂洗头膏的位置、地漏的位置等。卫生间应干湿分区，干湿分区可采用浅地沟上盖尼龙或树脂板模式，也可采用挡水条；淋浴间地漏应采用直排型 P 弯水封地漏，如采用挡水条干湿分区的，淋浴间地面最好铺一块花岗岩、三面排水；其中 VIP 病室建议采用此做法，类似宾馆酒店卫生间模式。病室卫生间门通常不做百叶，采用门下走风；门上磨砂玻璃条（长度应跨锁）；采用塑钢门或钢制门（图 3-15）。

图 3-15　某医院妇科卫生间示意图

②卫生间墙地砖在 VIP 病室应与普通病室花色不同，价格与品牌可一致。墙砖建议采用 300mm×600mm 铺装模式、水刀切边铺装模式或留缝铺装打胶模式。其中 VIP 卫生间抽水马桶后方和 / 或花洒区域吊顶到地面应采用深色玻化砖（图 3-16）。

图 3-16　某医院 VIP 卫生间示意图

③其他卫生间：门诊等公共卫生间应注意灯具和蹲位的对应关系，男性小便斗应为墙排，注意小便斗的高度，部分小便斗应照顾男童的高度；蹲式大便器应注意长度（尽可能长），残障卫生间应规范设计等。独立的残障卫生间应兼做无性别卫生间。门诊卫生间应优先考虑迷路式。卫生间内应注意挂钩的质地和高度，位于左前、右前或前方。检验科附近男卫生间应采用墙排挂斗，便于维修盖板兼做标本或病人包的放置，女卫生间应在外侧转角部署标本临时搁架，避免病人不小心踢翻。门诊卫生间应兼顾保洁间的设计。体检中心卫生间参照酒店卫生间设计，但要注意标本搁架问题（图 3-17）。

图 3-17　某医院卫生间高低便池、洗手池示意图

④卫生间防水应达到吊顶高度。

⑤卫生间洗手池上方应注意照度的提高，提高愉悦感。

⑥儿科区域卫生间应部署部分儿童使用的卫生设施。儿科区域应注意母亲带男童的高概率事件而适当考虑无性别卫生间；儿科门诊区域顶面可适当考虑张拉膜或彩色内藏式灯带。

15）洗手水池如有可能尽可能采用墙排，尤其是通道内和公共区域的；病区护理用治疗室治疗台高度通常为 900cm，相邻配套水池建议低 10cm，水嘴采用长柄弯水嘴；多人使用水池均应采用长柄弯水嘴且水池较深的方形水池，如病区医生办公室、处置室、护士治疗室等。水池应尽量不用立柱盆，尤其是需要有感应装置的水池。诊室内水池应在医生后区或门同侧后区，不应面向窗口。水池后方和侧方应考虑挡水装置。急诊手术室、超声介入室内门诊手术治疗室应设规范的刷手水池。

16）病人橱柜采用大小柜模式，嵌墙安装，上段小柜，下段长柜，带磁吸门锁，每个病人通常宽度为 45cm，柜体高度为 200×220，VIP 病室橱柜应适当调整，根据实际空间设计，应有挂衣柜；注意病区医生办公室的部署模式，通常需要吊柜或侧柜。门诊药房的中药房通常采用下段橱柜上段磨砂玻璃隔断，将发药区域、摆药区隔断，隔断下柜一般开向摆药区，开放设置。

17）诊室内隔断：妇科门诊一般采用硬质轻质隔断模式，隔断一般不通顶，2.2m 高，隔断下部 1.2 ~ 1.4m 高为不透光隔断，上部可采用双层磨砂玻璃，便于自然采光。其余采用围帘。门诊外科可参考设计。

18）围帘：注意内外科诊室和病房均设置围帘，围帘顶面一般采用石膏板，石膏板顶面设 25 ~ 30cm 细木工板基层板，便于牢固围帘。或者采用集成吊顶，配内嵌围帘轨道。病房也可设计石膏板集成吊顶，内嵌围帘轨道和输液轨道。

19）踢脚线：病区 PVC 踢脚线可采用上翻模式或采用不锈钢内衬多层板踢脚线；所有公共区域踢脚线优先考虑不锈钢踢脚线，尤其在墙面与地面材料不同尺寸和不同花色材料铺装时均应采用不锈钢踢脚线。采用玻化砖的地面铺装的室内空间，室内可采用地砖上翻模式。墙面铺砖排版或石材干挂排版前应预留不锈钢踢脚线空间，踢脚线采用略外凸、略内陷或平齐部署，涂料墙面踢脚线外凸安装即可。

20）波打线：根据需要部署波打线。各大厅区域、电梯厅区域一般适当拼花或考虑波打线。通道内如设计波打线，也可部分尝试不对称铺装，增加现代感和识别度。

21）凡窗台均考虑窗台板，窗台板一般应采用天然大理石，造价不足时也可考虑人造石材。

22）门斗区域设计，对外出入口，如门诊、住院、急诊应尽可能部署门斗，进深不低于 3m，最好达到 4m，地面铺装铝合金复合刮沙吸湿毯，完成面应与室内外平齐，地毯下应有排水设施。门斗门需要移门和推拉门相结合的方式。

门的选择：病区门优先考虑品牌钢制烤漆门；通道和主电梯出口防火门，应优先考虑常开式门，并采用非标高宽门（高度应接近吊顶高度）。诊室和病室门如果空间合适，建议采用高度 2.3 ~ 2.4m 的门。

23）楼梯踏步材料：主楼梯应选用灰麻类花岗岩，其余可选用地砖。

24）空调进回风风口：

①大厅区域空调出风口，一般带状部署，不考虑采用筒状出风口；

②病室内空调出风口，不应让病人有吹风感，此区域一般在卫生间门口区域侧装，应注意此区因出风口断热，容易有冷凝水，建议风口区域采用定制铝板，提高散热均匀度，防止冷凝水污染石膏板；

③病室风机盘管区域，应采用洁净天花或铝板等可拆卸材料，便于换热季节的清查、清洗和维修；

④其余进回风口区域，应采用抗菌防霉耐污涂料，便于污损擦洗；

⑤急诊和门诊小手术室等带治疗床的，空调出风口不应设在床的正上方；

⑥儿童区域应注意色彩的搭配以及趣味性，并注重材料的选择，营造一种欢快的气氛（图 3-18、图 3-19）。

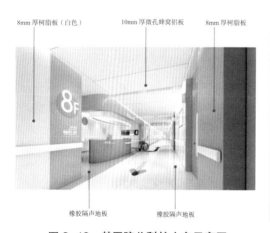

图 3-18 某医院儿科护士台示意图

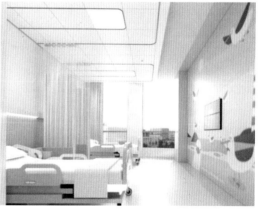

图 3-19 某医院儿童病房示意图

3.3.4 景观设计

医院室内外环境的绿化设计是医院人性化的具体体现之一，好的室内外环境能够缓解患者情绪，并为他们提供一个良好的放松、休息场所。良好的医院环境有利于缓解病人的情绪，使患者对医院产生强烈的认同感和战胜疾病的信心，加快病人的康复，同样也让医护人员身心愉悦，热情工作。

（1）医院环境景观设计中绿化要遵循的原则

1）功能性原则

由于医院中病人居多，医院景观设计中绿化要考虑其特殊的使用者，以植物造景为主，创造一个安静优雅的园林环境，步道宽度和坡度应充分体现人性化，方便病人们的行走，沿途要考虑牵引装置，供病人使用轮椅、推床和支架。

2）视觉愉悦原则

植物合理配置中体现出"时景美"，注意要有季节性变化，从而为整个医院营造宜人、舒适的景观，让病人能感受到自然的变化，使其心情愉悦而利于养病。平面绿化应与立体绿化相结合，力求做到植物高低错落，疏密有致，四季有景，三季有花，简洁大方，不落俗套。

3）空间多样性原则

要充分考虑病人们的情绪因素，为他们提供不同类型的空间、不同的活动场所、不同的私密度，既有群体活动场所，又能有让人独处的空间。

医院的主要入口、门诊区、住院区、生活区和传染病区的景观设计既要考虑美学原则，又要讲究生态保健功能，以及与医疗场所的环境条件的适应性。它不仅包括城市绿地系统的普遍特征，还具有促进病人康复的特殊功能。

（2）不同功能区的绿化设计方法

医院由门诊部、住院部、辅助医疗部门、行政管理部门、后勤部门等众多不同部门组成，这些部门对环境的要求各有不同。

1）入口区与城市道路相连，规划布局不仅与城市相协调，还应凸显其严谨（图3-20、图3-21）。

2）门诊部人流较多，其景观不仅有美化的作用，更要疏导人流，使节奏有序。

3）住院部周围绿地不仅有观赏的功能，更要有活动、休息、聊天的场地。周围场地较大时，可选择自然式布局，使人更有接近自然的感受；场地较小的，可先考虑规整的布局，以有利于空间的利用（图3-22）。

4）主入口区的环境绿化设计

主入口区是医院景观设计的重点，它和城市街道相连，不仅是车辆行人往来的必经之路，也是人们对医院第一印象的开始。对此一般采用规则式布局为好，通常可在主入口区摆放雕塑作品、花坛等作为视觉中心，也作为医院的标志性景观，有条件的还可设计些水池、假山等增加景观丰富度（图3-23、图3-24）。

图 3-20　某医院主入口示意图

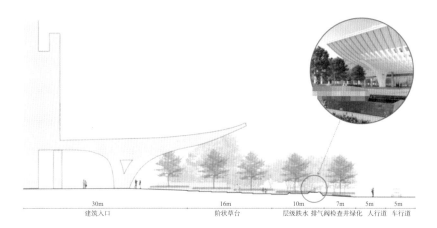

| 30m | 16m | 10m | 7m | 5m | 5m |
| 建筑入口 | 阶状草台 | 层级跌水 排气阀检查井绿化 | | 人行道 | 车行道 |

图 3-21　某医院主入口剖面示意图

图 3-22　某医院住院部周围绿地景观示意图

图 3-23　某医院主入口景观示意图

山体支护边线

35m　　　　　　　　　18m

山体区域　　　　无障碍上山坡道及绿化　　　人行道　广场绿化

图 3-24　某医院主入口景观剖面示意图

　　但由于主入口是人、车出入的重要场所，应该有较大的广场面积满足集散功能，因而能设置的各类小品体积都不宜过大。主入口区的植物景观也应简洁明快，大方自然。

　　5）门诊部的环境绿化设计

　　门诊大楼是医院对外的一个主要窗口，也是医院形象的标志。门诊部是人流量和车流量较大的区域，安排植物和环境小品时，不但要达到美化环境的目的，还应考虑到交通的通畅，利用绿化带、花坛、假山水、建筑小品等对空间进行分隔，使人流和车流巧妙地分离，还要规划一处供外来人员休息等候的区域（例如可供人休闲的绿色凉亭等）。

　　在植物种类和色彩的选择上，应避免种植过高大和繁密的乔木，选择适当高度的树木，在种植的间距和形式上适合地形的高差变化，这样既不会遮挡人们的视线，还加速了人的流通。另外，花卉品种不宜繁多，色调要简明，起到点缀环境、烘托医院特殊气氛的作用即可。

6）住院部的环境绿化设计

住院部在医院中属综合功能区域，主要满足患者的治疗、生活及休闲等需求。在绿化环境总体景观设计上应以自然形式为主，根据具体的环境要求来设计，满足住院部患者户外休闲和停留的需求；如果他们在室外停留时间相对多一些，其绿化风格应不同于门诊部外环境的处理手法，要添加些更具审美和趣味化的园林景观。

7）架空层的环境绿化设计

现在很多大型医院都设置架空层，一是作为医院使用功能空间上的过渡，二是为医护和病人提供一个较好的休闲环境，三是功能上的需要。而作为架空层的绿化设计，就是重中之重了，建议在此区域进行大方简洁设计，突出休闲特色，无须太过修饰（图 3-25）。

图 3-25 某医院架空层绿化示意图

在医院规划设计中，不要盲目追求土地使用效率而忽视绿化。《综合医院建筑设计规范》GB 51039—2014 中明确规定新建医院的绿化率应大于 35%，改扩建医院绿化率不小于 30%。

8）尽量将医院建筑中关系非常紧密的门诊部、医技部、住院部三者相连，如果这三者是分散的，最好有风雨连廊相接。绿化环境设计要做到疏密有致，把建筑集中布置，既便于患者就医，又有利于将来发展，同时腾出大片绿地，有利于规划园林，进行室外绿化环境设计（图 3-26）。

9）若医院内存在山体，需要对山体进行绿化。首先需要保证山体的安全性，在保证安全性的前提下，对山体进行绿化设计。山体绿化设计应做减法，尽量保留其原始的自然景观，在原始自然景观的基础上锦上添花，而不是让人工痕迹太过明显，才能给人一种舒服的感觉。其次,从医院管理者的角度出发,若存在山体,尽量将步道设置在山脚周边,不要设置通往山顶的道路,考虑到病人的身体状况,避免后期安全问题的发生(图 3-27)。

图 3-26 某医院风雨连廊设计示意图

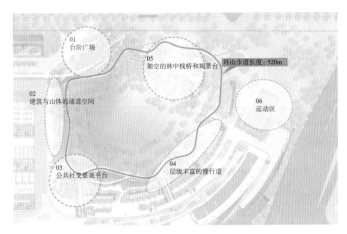

图 3-27 某医院山体绿化设计示意图

(3)植物选择方法

医院园林绿化建设的好坏,直接影响医患的情绪和心态,所以在医院这一特定环境下,园林绿化既要考虑美学原则,又要与医疗场所的环境条件相适应。而医院绿化设计中,其植物选择很有讲究。

1)根据环境需求选择植物

选择植物要根据树种的生理特性,适应医院安静、空气清新、湿润,无粉尘、无噪声的环境需求,同时应以净化空气、美化环境为主,多植一些杀菌力强、具有观赏价值的花草树木，如桉树、柏树、黄槐、桂花、杜鹃、雪松等（图 3-28）。

菩提榕　　　　铁冬青　　　　南阳楹　　　　南酸枣　　　　白兰　　　　苦楝

图 3-28　某医院植物选型

2）选择能分泌杀菌素的植物

有的植物能分泌杀菌素，并具有杀菌作用。松树能分泌一种叫烯萜的物质，对肺结核病人有良好作用。很多树叶和花朵能分泌出杀菌素，银桦、柞树、稠李、椴树、冷杉所产生的杀菌素能杀死白喉、肺结核、霍乱和痢疾的病原菌。因此，医院室内空间可以合理种植这些植物。

3）选择滞尘能力强的植物

植物滞尘能力的大小和树叶的大小、枝叶的疏密、树叶表面的粗糙程度等因素有关。较好的防尘树种有构树、桑树、广玉兰、刺槐、槐树、朴树、悬铃木、女贞、臭椿、桧柏、夹竹桃、丝棉木、榆树、侧柏、油松、毛白杨等。

4）选择抑止粉尘能力强的植物

在绿化中草地对于抑止灰尘飞扬的作用最大，草皮的叶子能够吸附灰尘，它的根可以固定地面上的泥土，由于叶子覆盖着地面，因而尘土不致被风刮起。常用的草皮种类有野牛草、结缕草、羊胡子草、狗牙根、假俭草等。

5）选择消除噪声能力强的植物

在医院建筑物周围要种植各种乔木、灌木和绿篱，组成浓密的树丛，发挥其噪声阻挡和过滤作用。如果选择的树木能形成林带加以隔离，或形成群落生境，就能有效降低 30% ~ 60% 的噪声。消除噪声能力较强的植物有珊瑚树、雪松、圆柏、龙柏、水杉、云杉、鹅掌楸、栎树、海桐、桂花、臭椿、女贞等。

6）植物的配置要有季节性

植物合理配置中要体现出"时景美"，从而为整个医院营造宜人、舒适的景观，做到主次分明和疏朗有序，乔木、灌木、花草的科学搭配，创造"春花、夏荫、秋实、冬青"的四季景观（图3-29）。

图3-29　某医院根据计阶植物配置图

绿化树种以生长健壮，病虫害少，易于养护的品种，根据配置的疏密有意识地形成开放和郁闭的空间对比，使病人能感受到自然界的变化，季节变换的节奏感宜强烈，这能很好地调节医患的情绪，给人精神上和心理上的慰藉。

7）植物选择要多样化

医院是医伤治病的场所，在这样的场所中，种植尽可能多样化的植物，实现生物多样化的环境，配置全年有色彩感的植物，强调花、果、叶的颜色、形状和大小，为医患提供一个赏心悦目的绿色医疗环境。

需要注意的是，医院选择的植物，要少用或不用花粉较多的或本身产生较多粉粒的植物，如芒果、芙蓉菊、银叶菊等，同时不要选用带刺、带毒的植物，以保证患者的安全，如红刺林投、剑麻和夹竹桃等。

现代医院景观绿化设计应针对不同场所营造出不同的舒适空间，使医院室内、户外景观多样化、医疗化，同时结合功能需求，营造"安全、自然、生态"的环境，这不仅能给人亲切友好的感觉，缓解病人的不良情绪，促进病人康复，还能使医护人员身心愉悦、热情工作。

3.3.5 物流系统

物流传输系统是指借助信息技术、光电技术、机械传动等一系列技术和设施，在设定的区域内运输物品的传输系统。物流传输系统装备起源于20世纪50年代的战后工业化大生产时期，当时主要的应用领域是在电子、汽车等这类大规模工业化生产的企业。随着技术进步，各种各样的物流传输系统开始在机场、商场、银行、工厂、图书馆等领域广泛使用，随着信息技术的发展，物流传输系统自动化程度也越来越高，进入了一个新的发展时期。物流传输系统因为可以大大提高效率、节约人力而受到广泛欢迎，应用领域逐步拓展到了医疗领域。常见的医院物流传输系统包括医用箱式物流、气动物流、AGV机器人自动导引车等。各系统作用原理、组成、功能、运输物品的重量和体积等均有很大的不同。广义地来说医院物流传输系统还可以包括全自动或半自动药房、自动包药机、全自动库房、全自动检验标本分拣流水线、无人载货电梯等物流产品。由于医用气动物流传输系统在医院物流传输系统中最具有代表性，也最常用，所以多年以来，人们常常把它作为医院物流传输系统的代名词。

医院物流传输系统是医院物流传输的主要系统，用于医院内部各种日常医用物品的自动化快速传送。其主要功能是用于医院内部各种日常医用物品的自动化快速传送（表3-6）。

医院常用物流系统的特点对比　　　　　　　　　　　　　表3-6

类型	气动物流	轨道物流	中型物流	AGV物流
解决率	15%	55%	95%	45%
传输重量	5kg	15kg	50kg	500kg以上
传输速度	5～8m/s	水平0.5m/s 垂直0.3m/s	水平0.5～0.8m/s 垂直2～3m/s 300～800箱/小时	0.5m/s
等候时间	高峰期排队等候	叫车等候，科室配备小车数目有限，尤其在高峰期等候时间较长	几乎没有等候现象，科室配备周转箱较多，随发随走	一次性运输多个周转箱，返程需要等待，但一般用于局部传输
传输物品	血液、标本、药品、小型器材	血液、标本、药品、小型器材、文件、档案、部分输液	血液、标本、药品、文件、器械等几乎所有物品	用于物资的局部传输，如静配中心、供应中心、住院药房或仓库
运输量	理论5.5kg，但受载体体积限制	10～15kg，但是受载体体积限制	50kg，周装箱容积可以满足绝大部分物资需求	单趟载重量大
适合运输	随机性比较强的小规模物品	规格小于车体内部尺寸的物品；不易滴漏、破碎的物品	不受限制（新建医院需设计预留）	不适合人流较多的场景

医院物流系统的应用价值主要体现在这样几个方面：

1）提高效率。一是高效可靠。与人工物品传送相比，物流系统具有传输速度快、准确、可靠等特点，可以做到"更卫生、更安全、更快捷"，是现代化医院提高医疗服务质量的有效保障。二是永不停歇。物流传输系统可提供连续不间断工作，为医院提供24小时医疗活动提供了基础条件。三是加快流转。医院物品流转的速度加快了，也无形中使医院各部门的工作效率都得到了不同程度的提高。

2）赢得时间。医院的工作更能体现"时间就是生命"。科技手段的运用使高效的自动化系统取代了低效率的人工劳动，节省了医护人员的时间。在节约了物品流转时间的同时，检验标本、抢救药品、血液等物品的快速传输也为患者抢救赢得了时间。

3）降低差错。传统的物流模式，即由专门的勤工承担物流传递工作的模式，其实困扰最大的问题就是差错问题。由于勤工知识层次普遍较低，无法理解众多专业问题，医务人员沟通不到位，而导致一系列差错，包括送错目的地，没有及时送达，没有及时分类导致延误等。也有一些是由于医务人员自身的差错，如填写错误、填写不完整、标本留取不当等，物流人员限于专业知识不能及时发现这些差错，从而延误正常诊疗工作。这些差错有时会导致严重的医疗安全问题。物流传输系统由于减少了中间环节，沟通直接，可以大大降低差错率。

4）控制成本。实践证明，物流传输系统的使用，首先，可以大大节约医院在物流方面耗费的人力资源成本。物流传输系统的应用把时间还给了护士，让护理人员有更多的时间来为病人服务。同时效率的提高、工作节奏的加快意味着医务人员可以承担更多的工作。其次，节约了电力资源的消耗。应用物流传输系统后可以在一定程度上减轻电梯的工作量，节省电能。再次，降低了库存成本。使用各类物流传输系统后，可以降低二级库存量，从而降低库存成本。

5）优化流程。一是优化了物品递送流程，使其变得更直接、更快捷、更方便；二是优化了抢救绿色通道的流程，变得更为顺畅；三是优化了门诊工作流程，可以在专科诊区内完成抽血送标本等工作，无需病人多处跑动，也理顺了院内秩序；三是优化了感染性疾病科等部门的物品转运方式，减少了院内感染，改变了原有烦琐的流程；四是优化了标本及无菌物品的运送方式，减少了污染；五是优化了垂直交通运行的内容构成，降低了对垂直交通的压力，尤其避免了供应室等部门某些时段对部分电梯的垄断使用造成的矛盾。

6）提升管理。物流方式的改变带来了医院运行一系列的变革，有利于提高医院整体运营管理水平和医院整体运营效益。同时医院物流传输系统也是医院后勤保障信息化、智能化的重要体现和保障，是数字化创造价值的又一重要例证。

（1）箱式物流

箱式物流是指在计算机控制下，利用智能轨道载物小车在专用轨道上传输物品的系统。

箱式物流发明和应用已近 40 年历史，其主要优势包括可以用来装载重量相对较重和体积较大的物品，一般装载重量可达 10 ~ 30kg，对于运输医院输液、批量的检验标本、供应室的物品等具有优势，当然一般的物品也能够传输。

箱式物流一般由收发工作站、智能轨道载物小车、物流轨道、轨道转轨器、自动隔离门、中心控制设备和控制网络等设备构成（图 3-30）。

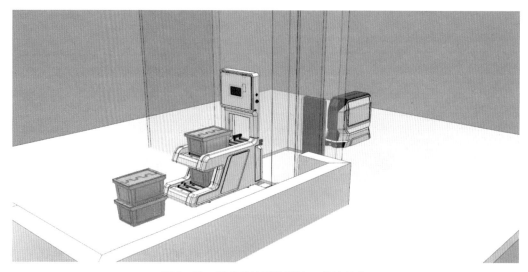

图 3-30　箱式物流系统手法工作站示意

智能轨道载物小车是箱式物流中用于装载物品的传输载体。材料一般为铝质或 ABS，上部都装有扣盖，扣盖的两侧装有锁定扣盖的安全锁，小车内配有无线射频智能控制器，实时与中心控制通信。部分品牌的小车配有旋转座，便于侧旋装卸物品。利用智能轨道载物小车运输血、尿标本以及各种病理标本时，部分系统还考虑到因振荡和翻转而引起标本的破坏，配备了陀螺仪（Gyro），使陀螺仪内物品在传输过程始终保持垂直瓶口向上状态，保证容器内液体不因此而振荡和翻转。

箱式物流传输方式一般为单轨双向传输；系统最大收发工作站数量最多一般可达 512 站；物流轨道为专用铝合金轨道，小车行走速度一般为横向 0.6m/s，纵向 0.4m/s；小车行走过程中无噪声、无振动、行走平稳，血液标本传送前后指标相同。系统具备可扩展性，满足用户未来增加车站数量的要求，具有故障自动诊断、自动排除功能和故障恢复能力等，易于管理（图 3-31）。

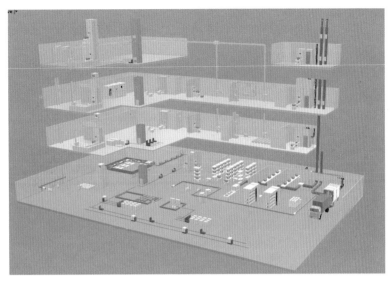

图 3-31　箱式物流传输系统图

　　箱式物流系统可以输送输液药品（大输液）、药品、标本、手术器械、无菌用品、消毒包、被服、后勤物资等院内物资。基本可装入周转箱的医院物资均可实现自动输送，箱式物流输送系统最初应用于烟草、邮政、图书、医药等物流自动化输送，技术成熟（图 3-32）。

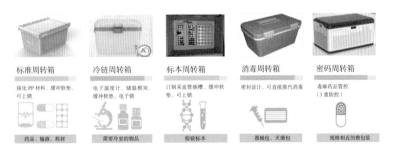

图 3-32　箱式物流系统可传输的物品

（2）气动物流

　　医用气动物流是以压缩空气为动力，借助机电技术和计算机控制技术，通过网络管理和全程监控，将各科病区护士站、手术部、中心药房、检验科等数十个乃至数百个工作点，通过传输管道连为一体，在气流的推动下，通过专用管道实现药品、病历、标本等各种可装入传输瓶的小型物品站点间的智能双向点对点传输。

　　医用气动物流传输系统一般由收发工作站、管道换向器、风向切换器、传输瓶、物流管道、空气压缩机、中心控制设备和控制网络等设备构成（图 3-33）。

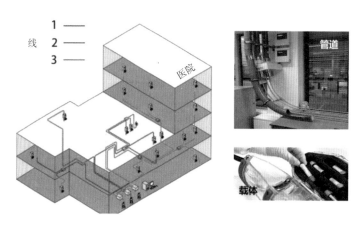

图 3-33 医用气动系统图

在物流产品中，气动物流传输系统一般用于运输相对重量轻、体积小的物品，其特点是造价低、速度快、噪声小、运输距离长、方便清洁、使用频率高、占用空间小、普及率高等，气动物流传输系统的应用可以解决医院主要的并且是大量而琐碎的物流传输问题。

医用气动物流传输系统的最大子系统数量一般不低于 5 个，单个子系统最大可连接的收发工作站数量一般不低于 30 个；传输瓶一次可装载传输物品的最大重量为 5kg；传输瓶在管道里的传输速度高速可达 5 ~ 8m/s，低速为 2.5 ~ 3m/s；低速一般用于传输血浆和玻璃制品等易碎物品。传输瓶满负荷最大传输距离横向可达 1 800m；纵向可达 120m；智能传输瓶，具备自动返回功能；收发站、换向器控制器均装有嵌入式故障诊断软件。传输瓶发送遇忙可自动排队等候，一般均具备优先发送功能。系统启动与停止采用缓冲技术，可实现传输瓶无振动、无颠簸、平稳接收。

气动物流主要解决小件物品的紧急快速发送，传输主要物品为药品、标本、耗材、文件等小型物品。

（3）AGV 自动导引运输车

AGV 是自动导引运输车（Automated Guided Vehicle）的英文缩写。AGV 自动导引车传输系统（AGVS）又称无轨柔性传输系统、自动导车载物系统，是指在计算机和无线局域网络控制下的无人驾驶自动导引运输车，经磁、激光等导向装备引导并沿程序设定路径运行并停靠到指定地点，完成一系列物品移载、搬运等作业功能，从而实现医院物品传输。它为现代制造业物流提供了一种高度柔性化和自动化的运输方式。主要用于取代劳动密集型的手推车，运送病人餐食、衣物、医院垃圾、批量地供应室消毒物品等，能实现楼宇间和楼层间的传送，国内尚未见医院使用该技术的案例。

AGV 自动导引车传输系统的主要特点：以电池为动力，可实现无人驾驶的运输作业，运行路径和目的地可以由管理程序控制，机动能力强；工位识别能力和定位精度高；导引车的载物平台可以采用不同的安装结构和装卸方式，医院不锈钢推车可根据各种不同的传输用途进行设计制作；可装备多种声光报警系统，具有避免相互碰撞的自控能力；无需铺设轨道等固定装备，不受场地、道路和空间的限制，设备柔性强；与其他物料输送方式相比，初期投资较大；AGV 传输系统在医院的优势还在于可传输重达 400kg 以上的物品。AGV 载重量可以根据需要设计，非常灵活，在工业领域 4 吨以下的比较常见，但也可以看到能够载重 100 吨的自动导引车。

AGV 自动导引车传输系统一般由自动导车、各种不同设计的推车、工作站、中央控制系统、通信单元和通信收发网构成。自动导向运载车是一种提升型运载车，行驶速度为最大每秒 1m，最小每分钟 0.1m。运载车用于运载不同类型的推车。AGV 属于轮式移动机器人（Wheeled Mobile Robot，WMR）的范畴。其导向技术决定着由 AGV 组成的物流系统的柔性。

（4）医用物流系统的应用研究

医院物流与其他领域物流不同，医院科室众多，运输物品种类繁多，各类物品在重量、体积、运送频率、时效性等方面各有不同，要做到全面、科学的物流布局，就需要在医院建筑设计过程中统筹考虑，由规划层面到设计层面，将横向、竖向，不同形式的物流组织成物流网，设计中尽可能做到全覆盖，施工时按实际使用情况，部分作为远期预留。

以某医院为例，对物流系统设计进行论述，该医院采用箱式物流＋气动物流运输系统的方式，通过对两个物流系统的合理配置，达到高效运输的目的（图 3-34、图 3-35）。

某医院物流系统竖向系统图，主要为合理规划物资进出医院、一级库及各科室的路线。清洁物资通道主要为运送药品、器械敷料、洁衣被服、食品、办公用品等的物资运输通道，运输车辆由院区探视入口进入，到达地下一层的集中库房区，由集中库房区向上竖向传输，经架空层水平物流分配后进入各科室；污物处理系统主要为运送医疗垃圾、生活垃圾、污染被服、尸体等，运输车辆由探视入口进入西侧汽车坡道，到达地下二层的污物暂存处。由于货物运输车辆一般高于普通家用汽车，对汽车坡道的净高及车库内通道的净高均有较高要求，在设计时应规划出货物运输通道，通道上的净高不低于 2.6m，通道之外的其他区域可按规范最低净高设计（图 3-36）。

设计中通行货车的车库出入口靠近院区出入口（一般利用院区次出入口或污物出口），货车由地下出车库后可尽快离开院区，减少对院区的干扰。

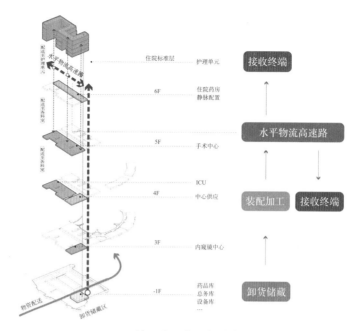

图 3-34　某医院物流竖向系统图

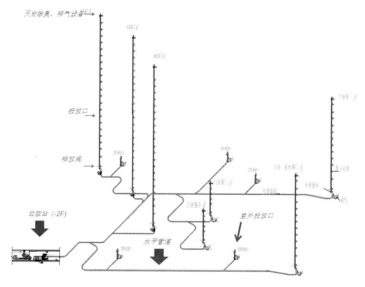

图 3-35　某医院污物处理系统图

1）医院物流分类分析

医院物品按照大的分类可分为清洁物品和污染物品；按照体积可分为大宗物品、中型物品，小型物品；按照物品运送过程可分为一级库、二级库、三级库（或使用端）；按照时效性分类可分为定时定点传输、紧急传输、偶然传输等。

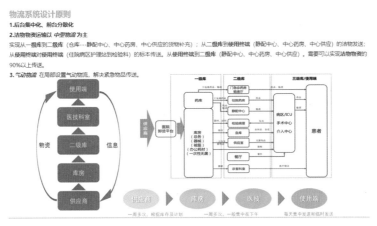

图 3-36　某医院物流系统设计原则

对复杂的医院物流供应过程进行了梳理，其中量大又需要集中发放的有：由静脉配置中心到达各个病区的输液，集中发放时间为 8:00 ~ 10:00，发送量约 4000 袋；由病区发往检验科的标本，集中发放时间为 8:00 ~ 9:00，发送量约 2000 份；量少但需紧急发放的有：静脉配置中心到病区的紧急用药，病区到检验科的急查标本，手术室到病理科的术中病理标本等。针对不同类型的物资宜采用不同的方式进行传输，这样才能做到有的放矢、高效便捷（图 3-37）。

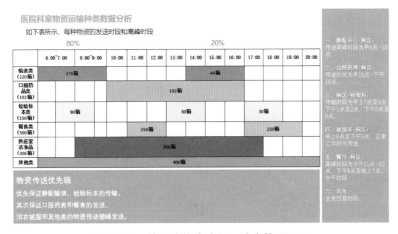

图 3-37　某医院物流分级、分类梳理图示

2）物流系统设计配置原则

物流系统控制后台集中化，前台分散化。

合理设置物流电梯，大宗货物优先考虑电梯运输。

清洁物品传输以中型物流为主。主要为从二级库到使用终端的洁物发放，包括从静脉配置中心、病房药房、中心供应室到病房的药物和敷料器械；使用终端到使用终端的标本传送，包括病区至检验科的标本，体检中心至检验科的标本；使用终端的箱体回收。中型物流可实现清洁物品 95% 的传输量。

局部气动物流解决少量、分散的小型物品传输。

手供一体垂直仓储系统，解决中心供应室至手术室之间的清洁物品存储和即时提取。

AGV 自动发放、回收物流系统，可按拟定好的路线自动输送物品，解决物资的终端运送。

3）箱式中型物流系统设置分析

箱式中型物流系统每箱可运送重量 50kg（约 60L），平均每次运输时间约为 4 分钟。通过收发工作站、提升机、水平传输线等设备形成独立的运输通道，以传输箱为载体，可全自动完成物品快速、平稳地发送与接收，并可实现远程实时监控。设计过程中需预留竖向井道，净尺寸约为 1.6m×1.6m，如需水平运输时，应在吊顶内预留约高 0.7m 的水平井道。水平传输线穿越不同防火分区墙面时必须安装能与水平传输线配合或联动的专用甲级防火卷帘或者防火窗，防火卷帘或防火窗平时常开，火灾发生时，卷帘自动释放，隔离各防火分区。竖向井道的进出口需安装甲级防火窗（图 3-38）。

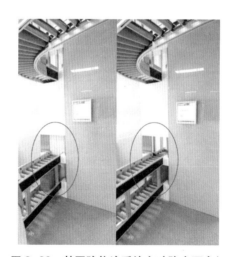

图 3-38　某医院物流系统自动防火隔离门

该项目中共设置 40 个收发工作站点，将静脉配置中心、中心供应室、检验科与大部分医技科室及所有病区联系起来。水平传输线统一设计在医技楼 6 层架空层内，方便运输（图 3-39）。

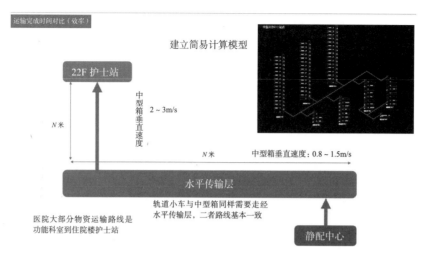

图 3-39　某医院箱式中型物流站点布置立体图

4）气动物流系统设置分析

气动物流每瓶可运送重量 5kg（约 2L），平均每次运输时间约为 2min。可用于运输小宗、高频、紧急的临时标本，血液制品和急救药品，可全自动完成物品的快速发送与接收，并可实现远程实时监控。适应于中小规模医院或作为中型箱式物流系统的补充。气动物流管径小，楼板预留洞口直径为 200mm，水平管线对吊顶内空间的占用可忽略不计，站点考虑在护士站等方便医护收发的区域，避免患者误操作（图 3-40）。

该项目共设置 59 个气动物流站点，箱式物流站点处均补充设置气动物流站点，除此之外，在局部门诊区域如儿科、妇产科、急诊急救、门诊药房等位置设置站点，基本做到门诊、医技、病房全覆盖（图 3-41）。

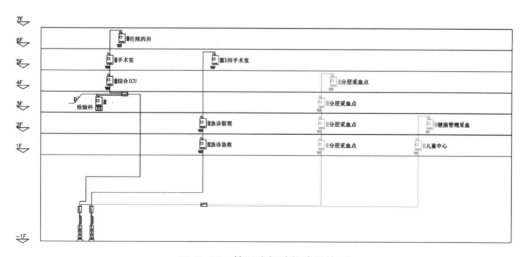

图 3-40　某医院气动物流系统图

图 3-41 某医院气动物流站点布置

医院的物资供应极其复杂，其物流宜采用多元化形式，充分比较、研究各种物流形式的特点，结合医院管理的实际需求进行选择。物流设计应是方案设计中非常重要的组成部分，物流路线的规划及竖向交通设计是物流设计的根本，如果因物流技术、设备的进步而忽略了设计的根本，即是本末倒置的做法。

3.4 医疗工艺专项设计管理策略

改革开放以来，我国人民的生活水平不断提升，对于各种社会资源的需求也在不断地提高。在各种社会资源中，医疗资源与其他资源不同，对质与量均有较高的要求。在医疗建筑建设的初期，部分新建医院在设计中并没有与其他类型的建筑区别开来，导致日常运营中无法满足医护工作者和患者的使用需求等问题，对人民的健康保障以及医疗事业的进步均带来了消极的负面影响。为了解决和规避上述问题，医疗工艺专项设计应运而生。本章主要讨论的内容即为医院建筑设计中医疗工艺专项设计的管理策略。

3.4.1 医院建筑综述

医院建筑属于医疗建筑中重要的分类，主要职能是为人们提供医疗、护理之用的公共建筑，部分医院建筑兼具有医学教育及科研的功能。医院通常分为科目较齐全的综合医院和专门治疗某类疾病的专科医院两类，在我国还有专门应用中国传统医学治疗疾病的中医院。

医院建筑因其特殊性不同于其他建筑，具体体现在：

1）规模差异较大：不同等级的医院医疗护理床位数少至零床，多至上千床；不同等级医院可提供的医疗卫生服务条件差距巨大；某些大型医院与高等医学院校合作，除具备医护功能外，还具有很高的医疗教学和科研水平；

2）功能复杂：从实用角度出发，大型医院除了具有医护、科教功能外，还应为医患提供一定程度的商业、餐饮以及专职陪护服务等功能，某些医院还为异地支援人员提供食宿功能；

3）部分区域对环境条件具有较高的要求：某些医疗设备具有较强的辐射性，相关用房需要具有防辐射功能；部分区域对无菌、无尘的要求较高；部分区域应做隔声处理等；

4）相关设备较多：医用气体及通信、监控、警报等设备会造成医院建筑管线繁多，同时也会增加设备终端的数量；

5）特殊的物流系统：现代医院建筑具有独特的物流系统，在保证院内物品可以高效传送的同时，不影响医护和患者的流线；

6）院内人员心理情绪的引导：医院建筑中的患者及患者家属很容易产生焦虑、沮丧等负面情绪，医护人员因工作压力等原因，同样容易出现紧张、焦躁等负面情绪。好的医院应注意打造舒缓、平和的环境，使人在其中具有良好的心理感受、保持乐观的情绪，以拉近医患关系，建立良好的沟通方式和渠道。

《医院分级管理办法》（中华人民共和国卫生部 1989 年 11 月 29 日）中将医院分为一级、二级、三级，医院分级管理的依据为医院的功能、任务、设施条件、技术建设、医疗服务质量和科学管理的综合水平。其中一级医院是直接向一定人口的社区提供预防，医疗、保健、康复服务的基层医院、卫生院；二级医院是向多个社区提供综合医疗卫生服务和承担一定教学、科研任务的地区性医院；三级医院是向几个地区提供的高水平专科性医疗卫生服务和执行高等教育、科研任务的区域性以上的医院。各级医院经过评审，按照《医院分级管理标准》确定为甲、乙、丙三等，三级医院增设特等，因此医院共分三级十等。

综上所述，医院建筑不同于其他类型的任何建筑。不仅如此，不同医院因承担职责的不同以及医疗质量的差异，使得医院建筑具有若干的标准和等级。我国自 2015 年 8 月 1 日起执行医院建筑设计新规范后，医疗工艺专项设计被依法列为医院建筑设计的前提。在建筑设计之前增加的医疗工艺专项设计，规范了医院设计的方方面面，标志着中国医院建设进入了一个全新的时代。

3.4.2　医疗工艺专项的概念

《综合医院建筑设计规范》GB 51039—2014 中对医疗工艺及医疗流程提出了明确

的定义：2.0.2条"医疗工艺：医疗流程和医疗设备的匹配以及其他相关资源的配置"，2.0.3条"医疗流程：医疗服务的程序和环节"，3.1.1条"医疗工艺设计应确定医疗业务结构、功能和规模，以及相关医疗流程、医疗设备、技术条件和参数"。

医疗工艺设计是对医院内部医疗活动过程及程序的策划，是医院建筑设计的重要条件，是医院建设过程中必不可少的环节，设计的好与坏直接影响医院的服务质量。医疗工艺设计工作应在前期策划阶段完成，很多工作也都是为医疗工艺设计服务的。在实际项目操作中，大量医院建筑的医疗工艺设计不合理，甚至有严重的缺陷。有的医院建筑在建设完成交付后达不到使用单位的基本需求，使用单位拒绝接收以至于需要大量拆改；有的医院在施工的同时还要不断修改设计。上述情况不光会造成极大的浪费，还严重影响了工期进度，并且有悖于国家倡导的绿色环保型建筑。在新建医院中，一定要在前期策划阶段特别关注医疗工艺设计，以避免在后续工作中因为医疗工艺设计不当对项目造成负面和消极的影响。

3.4.3 医疗工艺专项设计的发展趋势

无论是在全球还是我国，医疗健康产业均处于高速发展状态。未来医院的发展趋势将从追求规模转变为注重内涵、质量，同时需要建设单位、运营单位、设计单位等共同努力，实现医院标准化管理和绿色低碳建设与发展的目标。

医疗工艺专项设计是一项非常系统、复杂、具体的工作，对设计人员有很高的要求。设计人需要了解并熟悉医院的管理及工作系统、医疗设备的规格和功能、医疗服务的发展趋势和发展方向，并且要具有创新意识，去面对新的形势。

医疗工艺设计在医疗建筑中的重要作用正在得到越来越多的重视，医疗工艺设计也在医疗建筑中扮演着越来越重要的角色。医疗工艺设计的理论知识及做法也越来越具有系统性和规范性，医疗工艺设计的职业化进程必然会加快，专业性程度也会越来越高。

3.4.4 医疗工艺专项设计内容

（1）医疗工艺专项设计的五大原则

医疗工艺设计要遵循五大原则，分别是功能性、规范性、合理性、适用性和前瞻性。五大原则定下了医疗工艺设计的基本，是医疗工艺设计的出发点。

1）功能性

医疗建筑是功能性建筑，强调为功能服务。医院建筑功能繁多，需要在设计前进行充分调研后周密分析，结合自身情况进行定位后高效实现。

2）规范性

医疗行业是关乎生命和健康的服务行业，讲究科学、严谨、务实，正因为如此，医疗行业的规范也较多，甚至不同学科均有各自的规范。医疗建筑在设计和建设时，不只要满足建筑规范，还要满足学科规范，保证项目在交付后满足运营标准。

3）合理性

医疗建筑的合理性分为医疗工艺设计的合理性和建筑设计的合理性两个大的部分，继续细分可分为：流程的合理性、设施设备配套的合理性、设计与投资匹配的合理性，还有功能组织的合理性。除以上之外，部分规模较大的医疗建筑还可以考虑分步建造、分步营业、协调营业规模和预留规模的合理性。

4）适用性

医疗建筑的使用者主要为工作人员、病患及陪护人员。医护和勤务工作者长期使用医院建筑，统称为工作人员。在指导设计和建设医院时不光要关注工作区域，还要关注休息区，有些医院还建设有工作人员的生活区；对病患和陪护人员来说，隐私性、安全性、便捷性都是要考虑的问题；除此之外还要考虑建筑和设备的管理、运营、维护的便捷与成本问题，以上都属于适用性范畴。

5）前瞻性

建设医疗建筑要有长远的眼光，要想到还未发生而又有可能发生的各种情况。医疗建筑项目建设内容复杂繁多且建设周期较长，医疗工艺专项设计在指导医院建设的过程中必须与时俱进、具有前瞻性。在实际操作中，经常会因为医疗工艺设计前瞻性的不足而造成项目存在或多或少的问题。

①部分医院对规模评估不足导致医疗资源浪费

我国人民对医疗设施的需求不断提高，政府对医疗设施的投入也越来越大。在2020年7月8日国家卫健委发布了《国家卫生健康委关于全面推进社区医院建设工作的通知》（国卫基层发〔2020〕12号），指出"为进一步满足人民群众对基本医疗卫生服务的需求，在总结2019年社区医院建设试点工作的基础上，我委决定全面开展社区医院建设工作。"此项决策使患者就医更加方便，而且有效地分流了大、中型医院的患者，减轻了部分医院的压力，但是同样地带来了一个问题，部分医院显现出了机构臃肿，人员超编，效率不高，造成了医疗业务的萎缩和医疗资源的浪费。

有些医院在规划阶段并未长远考虑，只满足于现状的需求。在运营若干年后，经历了城市的发展、人口的增长，医院的规模无法满足基本的使用需求，只能谋求新建医院或者在医院既有基础上进行扩建。现今在各大城市，医院的"二期、三期"项目比比皆是，有些扩建项目在建设中会对现存院区的工作产生不利影响，并且会牺牲掉院区原本的空地、绿地等场地。

医院规模的评估，应该在项目的规划阶段进行充分调研以避免造成资源利用不足的问题；在满足当下的使用需求之外预留出可拓展的空间及用地，尤其是某些有特殊要求（如防辐射、无菌、无尘等）的房间，避免在需要扩建时无可用空间。

②医疗设备更新换代对项目的影响

医疗及科学技术的进步会对医疗工艺设计以及医疗设备的采用产生影响。全国17.5万家医疗卫生机构拥有的医疗仪器和设备中，有15%左右是20世纪70年代前后的产品，有60%是80年代中期以前的产品，这也就预示着在将来有大量的医疗设备需要更新换代。某些大型设备对环境及配套条件具有特殊的要求，需要在设备进场前进行相关设计。精准确定使用何种设备，做好设备的采购和进场时间的衔接，需要熟悉掌握前沿的设备信息，并且经过完善的市场调研。

③对设备进场所需条件考虑不足

某些大型医疗设备尺寸较大，无法在项目土建完成后通过常规门窗运送至室内，需要预留吊装口、运输通道等，在将设备运至相应室内后再进行封板、封墙等措施，避免项目进行无意义的拆改（表3-7）。

某医院项目部分设备规格型号表 表3-7

设备名称	规格型号（参考）	单位
放射治疗科		
后装机	575 × 510 × 1050	毫米
模拟CT定位	2450 × 1600 × 1250	毫米
赛博刀	4400 × 5500	毫米
医学影像		
CT	2810 × 1290 × 2000/64 排	毫米
MRI	2233.4 × 2108.7 × 2358/1.5T	毫米
	2306 × 2137 × 2603/3.0T	毫米
DR	2400 × 1100 × 1300	毫米
胃肠造影	房间需求：4500 × 6000 × 3200	毫米
乳腺钼靶	2035 × 860 × 2250	毫米
骨密度	展开：1950 × 780 × 1360 折叠：1250 × 780 × 1360	毫米
DR	2400 × 1100 × 1300	毫米
CT	2810 × 1290 × 2000/64 排	毫米
DSA设备	2306 × 1934 × 2587/1.5T	毫米

④特殊时期的应对能力还需加强

文中所谓特殊时期指的是战争时期及防疫疫情等时期。特殊时期会对医疗系统提出巨大的挑战，会暴露出平时发现不了的问题，最常见的即是医疗资源准备不足、分布不均等问题。但若在平时医疗资源准备过多，又会在某种意义上造成资源的浪费，如何平衡应用和储备的资源是需要探讨的问题。

2020年年初的新冠肺炎疫情对我国乃至全世界的医疗系统都是巨大的考验。中国已成功遏制了新冠肺炎疫情在国内的传播，但疫情也暴露出了中国医疗系统所面临的结构性挑战。为应对挑战，政府需重新审视公共医疗支出，以改善医疗系统效率。为此，中国政府不得不投入大量资金，扩大医疗保障能力。2020年前5个月，医疗服务领域的固定资产投资同比增长9.5%，是2018年以来的最大增幅；医疗和制药产品制造业投资同比增长6.9%。尽管1978年以来中国的公共卫生支出以年均17%左右的速度增长，但主要是受名义GDP的快速增长所驱动的。如果按其在名义GDP中的占比来衡量，2018年中国的公共卫生支出占名义GDP的6.6%，与1978年相比仅增长了2.2个百分点。世界银行数据显示，中国的公共卫生支出在名义GDP中的占比虽有所增长，但仍远低于高收入经济体12.5%的平均水平。新冠肺炎疫情危机期间，医疗系统资金不足的问题愈加突出，尤其是中国疾病预防控制中心人手不足的情况凸显出来，具体而言，截至2019年，中国每1万人只有1.35名疾控专业人员，远低于中央政府设定的1.75名的目标。世界银行发布的数据显示，像中国这样的国家，平均人员配比水平是每1000人有3.61名护士和助产士，每1000人有2.12名医师。然而，中国的比例则分别为2.66和1.98，均低于这类国家的平均水平，更是远低于高收入国家10.97名护士和助产士以及3.1名医师的平均水平。

除资金不足外，中国医疗系统面临的另一大挑战是医疗资源分配不平衡，无论是从地理位置还是按医疗机构类型来看，这个问题都很突出。医疗中心（大多是在农村地区）的数量从1970年高峰时的56658个降至2019年的36000个，降幅达57%。与此同时，医院（大多是在城市地区）的数量则从5964座增至34354座。另外，虽然中医药得到政府和国人的普遍认可，但中医院仍遭遇到资源缺乏的问题。尽管过去几十年，中医院数量一直在增加，近十年甚至加速增长，但在中国医院总数中的占比仍只有12.6%，而综合医院和专科医院则分别占到62.4%和25%。为应对这些挑战，中国卫生系统需要对卫生支出进行全面评估，并大幅增加卫生支出。1978年以来，中国卫生支出总额每年平均增长17%。然而，公共卫生支出一直在苦苦追赶中国经济发展和人口增长的步伐，医疗系统依然资金不足，效率低下。——引自CEIC数据库《新冠疫情暴露出中国医疗系统面临的结构性挑战》

（2）医疗工艺流程分级

医疗工艺一级流程：医院建筑的总体医疗工艺设计，需要确定医院的分类、医疗功能总体定位标准、医院建设的指标、医院的等级、医院的基本设施和其他功能设施、功能单元和系统之间相互关系的总体性规划设计。

医疗工艺二级流程：单元部门的医疗工艺设计，需要确定各医疗功能单元建设等级及规模、建立单元或部门内部功能设施和系统之间相互关系的设计。

医疗工艺三级流程：室内设计及机电末端定位的医疗工艺设计，需要确定建筑装饰标准、医疗设施标准、感染控制要求的设计。医疗工艺三级流程在医院建筑设计中不具有规范性，需要根据运营单位相关人员的使用习惯来灵活布置。

部分医院建筑在设计过程中，医疗工艺的设计只限于一、二级流程。越来越多的项目在设计中采用室内家具设计与室内设计一体化的方式，通过医疗家具的设计来实现房间内的操作流程，这在一定程度上取代了医疗工艺三级流程的设计。

（3）医疗工艺专项一、二、三级流程的设计内容

1）医疗工艺设计一级流程

一级流程要落实医疗建筑中建筑单体、楼层以及大的功能分区之间的关系，还要解决流程与动线之间的关系。一级流程的设计由医疗工艺设计师和建筑设计师根据使用单位提出的要求完成，无论是医疗工艺设计师还是建筑设计师，都不易改变使用单位确定的医疗流程。例如急诊和心血管介入治疗、大型放射设备、手术区域的位置关系及动线，在夜间与儿科急诊的关系等。良好的动线设计可以大幅提高就医效率，不仅可以为救治赢得时间，良好的周转率也会极大地提升医院的就医环境品质。

2）医疗工艺设计二级流程

二级流程需要落实相对独立的医疗分区或是部门应采取的平面布局形式，主要解决的是面积与形态的关系。因为不同专业诊室的功能都不尽相同，每个专业在不同时间的就诊量也都是不一样的，但是在很多医院的建筑设计图中，不同专业的诊室及等候区都是一样的面积和布局，虽然此种设计可以理解为出于模块化设计的考虑，但是从专业的医疗工艺设计角度来讲是较为不合理的。二级流程设计需要充分考虑不同的医疗环境因素，结合不同科室专业的不同特性，准确找出医疗分区或部门的特点和需求，同时还要在满足所需面积的情况下，在建筑平面中予以落实布局形态。

这里需要额外说的是，对于规模比较大的医院，不宜采用传统医院的大门诊式的布局方式。具体原因是在门诊量较大的情况下，每天高达几千甚至上万人集中在门诊、医技区域流动会极大降低医院的救治效率，增加运营成本。在这种情况下，最好的解决方案是按疾病系统来进行平面规划，形成互相关联、较为集中的医疗服务区，避免

产生过多的功能穿插。

二级流程的设计成果应该在经过充分的调研后形成，其中包含但不限于对已实施项目的考察，对运营单位需求的实现及优化等。完成二级流程设计后，再想进行关于布局方式的改动已无可能。

3）医疗工艺设计三级流程

三级流程的设计内容会通过平面设计的细节部分影响患者及医护人员的体验感。具体体现为影响患者和医护人员在房间或某些区域内的行为，以及满足实现这些行为的功能设计。三级流程设计要求医疗工艺设计师清楚每一个医疗环节的操作方式及习惯，并且要站在医护人员和患者的行为习惯、安全、隐私和方便性等多个角度去考虑问题，是医疗工艺设计中最难以把握、最费时间的设计阶段。在很多新建成的医院中，医院的建筑外观，整体环境都很不错，但是医护人员和患者在工作和就医时就是感觉不方便，甚至在某些细节上还不如老医院好，问题大概率是出现在三级流程的设计过程上。

以上提及的医疗专项一、二、三级流程设计，最终成果的体现方式需要以图纸为主，文字说明为辅。在建筑方案设计阶段完成医疗专项一、二、三级流程的试错成本是最低的。进行完善的医疗专项一、二、三级流程设计，不但可以准确地把控建筑单体的形态及各项指标，还能有效地避免施工图阶段的反复修改，以达到提高设计质量、真正降低设计周期和费用的目的。

3.4.5　医疗工艺专项设计管理

（1）医疗工艺专项设计管理概述

医疗工艺专项设计与建筑设计之间联系紧密，很多工作需要同步进行，在工作中需要相关单位积极协调、主动沟通、及时互动，使项目健康、有序、高效地推进。医疗工艺专项设计前期规划阶段：医疗工艺设计师给建筑师提供的资料是战略规划，建筑师给医疗工艺设计师提供的资料是医院用地选址意向书、投资计划等。医疗工艺专项设计方案设计阶段：医疗工艺设计师给建筑师提供的资料是对建筑中的医疗功能、面积、功能之间相互联系、感控和机电专业的要求，建筑师给医疗工艺设计师提供的资料是医院总体规划、建筑单体数量、面积分布、公共空间交通组织等建筑资料。医疗工艺专项设计条件设计阶段：医疗工艺设计师给建筑相关专业提供的资料是医疗工艺设计相关的操作流程、医用系统、室内配套设施、机电末端、自动化等要求，建筑相关专业给医疗工艺设计师提供的是建筑深化后的图纸，包括防火分区、人防分区、建筑环境要求、建筑节能要求等。在建筑设计有了成果后还需要医疗工艺设计师进行审核，以保证设计内容无误。

医疗工艺设计是医疗建筑设计的核心，指导项目从定案、设计、施工到验收的全过程，医疗工艺的内容既有固定的规范要求和规律可循，又要注意政府政策的改革、医疗技术的进步、信息化的发展、疾病谱的改变等，这都注定了医疗工艺设计也是充满变化的。这需要医疗工艺设计单位、建筑设计单位、管理单位以及建设单位等各方注重学习和研究，共同推动我国医疗工艺的设计、研究、咨询、管理等各方面的健康有序发展，形成与中国医疗事业相适应的医疗工艺设计系统的成果和运行模式。

正因为医疗工艺设计有以上的特点，医疗工艺设计的管理单位应当搭建起联通各个相关单位和专业的沟通平台，充分利用线上会议和现场沟通等多种手段，使多方信息可以及时有效地流通。

（2）医疗工艺专项设计管理的内容和要求

医疗工艺专项管理的内容主要包括：医疗设置规划分析、医院工艺设计参数确认、医院建设规模及标准确认、医疗分区面积计算、主要医疗设备需求分析确认、编制设计任务书、各级医疗工艺流程专项设计。

医疗工艺专项管理的具体工作要求如下：

1）项目发展定位研究：组织建设单位、使用单位结合行业发展趋势和配套政策，对项目发展定位、经营目标进行调研、讨论和论证，明确项目的发展目标。

2）项目市场环境分析：根据项目规划所处区位，分析未来经营服务范围和目标，对项目所承担行政职能、周边区域卫生资源以及同类资源竞争进行分析。

3）项目学科建设分析：通过对项目使用单位目前各临床学科运营现状进行调研，与使用单位领导对未来临床业务规划研讨，确定重点和常规发展学科规划目标及规模。

4）项目规模及分期建议：根据总体医疗规划，计算统计出面积指标和主要医疗设备配置，为项目投资规模的估算提供数据支撑，并根据投资估算和医疗规划提供分期规划建设的建议性方案。

5）准确表达使用单位对项目的医疗规划要求，以及医院建设规模、设计标准、设计深度的要求，编制设计任务书。

6）配合建筑设计方案完善各级医疗流程的设计内容。

（3）医疗工艺专项设计的成果要求

1）各阶段成果文件

①《医疗设置规划书》；

②《房间面积分配表》；

③《主要医疗设备统计表》；

④《建筑设计任务书》；

⑤《平面工艺流程布置图》，应显示主要家具、设备设施，同时反映院感分区、洁污流程等，主要分为一、二、三级工艺流程，逐级完成设计成果；

⑥《典型医疗空间房间手册》，手册构成信息应包括：房间名称、房间用途、空间尺寸、室内医疗设备、医疗家具、地面材料构成及装饰材料说明，房间内电力、照明、排风、空调设置点位及要求说明。

2）医疗工艺流程各阶段工作成果

①医疗工艺一级流程

a. 确定各系统一级流程图；

b. 完成一级流程节点分析；

c. 确定节点点位功能需求；

d. 确定各医疗单元组团功能。

②医疗工艺二级流程

a. 确定各系统二级流程图；

b. 完成各类医疗流程分析；

c. 确定二级流程中院感分区及通道组织；

d. 确定各医疗分区组团功能。

③医疗工艺三级流程

a. 确定各系统三级流程图；

b. 完成各功能房间三级流程分析；

c. 确定三级流程中院感分区及通道组织；

d. 确定主要设备、家具、洗手盆点位。

3）医疗工艺设计同建筑设计之间的配合工作要求

①建筑方案设计阶段

a. 概念性规划设计阶段：

配合指导建筑规划设计单位分析项目用地和医疗功能组团关系、医院感染管理相关的设计条件；

配合指导建筑规划设计单位分析和医疗管理相关的出入口、洁污流线、交通流线、日照需求等条件分析；

配合建设单位、使用单位提出进一步优化设计意见，并督促落实，使之满足前期医疗策划成果的要求。

b. 报规方案设计阶段:

根据前期医疗策划和概念性规划设计方案成果, 完善医疗功能组团关系、交通流线关系、各医疗单元平面和垂直的相邻布局要求;

结合医疗单元布局形式要求, 充分研究医疗单元内房间位置关系、空间形态关系, 完成平面流程设计, 为方案报规和医学流程评审提供支撑。

②建筑初步设计、施工图设计阶段

a. 研究各房间内医疗功能布置和医疗行为要求, 确定主要医疗设备和医疗家具等配套设施;

b. 配合建筑设计单位完善室内医疗工艺点位图, 包括末端给水排水点位图、强弱电点位图;

c. 配合建筑设计单位完善大型医疗设备结构要求:降板参数、降板区域、荷载参数;

d. 配合建筑设计单位完善大型医疗设备暖通要求:温度数据、湿度数据、新风量、换气次数等。

(4) 医疗工艺专项设计在不同情况中管理方法的变化

医疗工艺专项设计所做的一切工作均是为了更好地、更方便地服务医护人员和患者,要站在医护人员和患者的角度考虑问题。患者对于医院的意见并无较好的收集渠道, 所以医护人员对于医院的使用经验和意见极为重要, 尤其是新建医院未来运营单位的意见。若忽略运营单位的意见可能会造成项目建成后的交付阶段, 运营单位提出大量意见进而造成大范围改造修整, 甚至拒绝接收的局面。在实际操作中, 无法保证在项目筹划初期便有条件确定运营单位, 即便在较早可以确定, 运营单位提出的意见也难免随着项目的推进发生变化, 很容易对医疗工艺设计师的工作产生影响。

为了保证项目正常有序地推进, 避免延误工期, 医疗工艺设计师在编制设计条件时必须及时与运营单位充分沟通, 沟通结果须有相关责任人签字记录以做备案。在某些情况下, 运营单位进入项目对设计条件提出意见的时间较晚, 需要医疗工艺设计单位对已完成的设计条件进行颠覆性的修改, 此时医疗工艺设计单位应及时与运营单位、建设单位和设计主管单位进行沟通, 根据实际情况制定工作计划, 切勿将问题搁置和拖延, 以至于造成进度不可控的结果。

(5) 医疗工艺专项设计质量管控

建筑设计单位在落实和深化医疗工艺设计方案的过程中, 会面临与医疗工艺设计条件相关的若干问题, 需要视不同情况采取不同的处理方法。某些是因为建筑设计的需要而产生的条件变化, 比如某些房间中需要增加设备管井以至于使用面积缩小, 某些房间需要增加吊顶高度以至于净高变低等; 有些是因为采取了新的技术、设备等,以往的设计经验不足以支撑现状的设计内容。这个时候需要医疗工艺设计单位积极配合建筑设计单位，评判建筑设计单位的修改意见对医疗工艺流程产生的影响是否符合规范以及日常使用，及时准确地修改和优化医疗工艺设计条件；医疗工艺设计单位无法解决的问题应该召开专家会议进行讨论，达成共识性文件作为深化设计的依据，使建筑设计单位的工作有据可循。

建筑设计单位在完成设计图之后应提交给医疗工艺设计单位进行审核，以确保医疗工艺设计条件的落实和完成。

（6）医疗工艺专项在工程建设阶段需要注意的内容

医院建筑对比其他类型的建筑要复杂得多，在工程建设中要需要注意的内容也相应增加很多。某些学科房间因特殊性需要设置在建筑的地下室中，有些则需要设置在医院的顶楼，还有一些学科对环境有特殊需求要在工程末期才能体现，因此医院建筑的特殊性从工程建设的初期便体现出来，一直持续到工程结束。在工程建设中要未雨绸缪，在设计阶段就要提前预留相应的条件以免在后期造成不必要的拆改。在设计阶段中预留的各种给排水点位、强弱电点位、大型设备吊装安装通道等需要在工程建设中充分落实，坚决执行"设计指导建设，而不是建设指导设计"的原则。

（7）医疗工艺专项常见设计缺陷及优化建议

表3-8列举在项目实际操作中产生的关于医疗工艺专项设计的常见设计缺陷及优化建议。

医疗工艺专项设计常见缺陷及优化建议　　　　　　　　　　表3-8

序号	设计缺陷类型	设计缺陷文字描述	优化建议
机电专业			
1	检验科用电插座不合理	用电插座直接设置在地面，检验科检测大厅经常有水，易引发漏电短路，触电事故	宜高于地面100mm以上，并配以带盖防水插座
院感专业			
2	院区内未单独设计医疗垃圾和生活垃圾收集房	配套设施内未单独设计医疗垃圾收集房和生活垃圾收集房，不符合院感及环保要求	在全院总图规划时应明确设计医疗垃圾收集房及生活垃圾收集房，且应根据医院设计规模计算出医疗垃圾及生活垃圾的产生量，然后设计收集房的规模大小，医疗垃圾收集房应按相关要求设计紫外线消毒灯、防蚊纱窗、挡鼠板等
3	污物通道和消防通道设计不合理	污物通道和消防通道同一出口，没有缓冲间	应充分考虑污物通道和消防通道共用时的院感防护做法
4	供应室设计不合理	内部各区域气流组织不合理，存在交叉感染风险	供应室空气流向应由洁到污，机械通风时，去污区应保持相对负压

续表

序号	设计缺陷类型	设计缺陷文字描述	优化建议
信息智能化专业			
5	网络模块面板安装位置与医疗仪器安装位置偏离	网络模块口的安装位置与实际工作台及仪器的布局偏差，导致重新布线	设计单位应充分与使用科室沟通定位，以免重复布线
6	插座、网线安装不合理	插座、网线固定在地板上，影响医生护士办公桌椅的摆放，不美观也存在安全隐患	插座、网线的安装根据医生护士办公桌椅的摆放，全部就近上墙
7	门诊楼、住院楼楼梯间	未考虑设置监控，形成安全死角	增加监控录像设备，消除安全死角
护理专业			
8	护士站设计不合理	走廊太长，护士工作不方便	布局做成环岛型
医疗设备专业			
9	放射影像科 DR、钼靶等放射设备预留预埋不合理	吊轨安装没有提前设计，后期增加钢梁柱承托。占用空间不美观，难清洁	提前确定医疗机器型号，根据厂家资料进行吊轨配件预埋
10	直线加速器、CT、核磁共振等大型医疗设备运输安装不便	设计及施工过程中未考虑设备吊装孔及专用运输通道，造成后期拆改浪费	设计时应根据设备尺寸设置专用设备吊装孔以及大型设备运输通道，施工过程中确保预留到位，医疗设备就位后再行施工
临床医疗专业			
11	病房面积问题	个别病房面积不足，不方便轮椅进出	合理测算病房使用面积
12	病房通风采光不足	病房未设计在向阳面，窗户设计不合理，造成通风采光不足	病房层应充分考虑日照条件，同时高开窗病房不适合作为病房使用
13	临床科室未设计医疗废物暂存间	临床科室内产生的医疗废物无法集中收集	临床科室设计合理设置医疗废物暂存间
14	产房、新生儿科的门未安装电动感应门	产房和新生儿科的门没有安装电动感应门，不符合紧急救援	应全面考虑儿科区域的人性化设计理念
15	住院楼洗婴室及处置室门槛石	门槛石突出地面，病床、推车经常碰撞，破损	院区不应该有高差门槛，应以微坡连接
16	门诊楼抽血台	台下空间不宜填实，医护人员抽血时只能侧身操作，严重影响效率	抽血台台下留空，方便医护人员操作
行政管理专业			
17	儿科门诊楼层公共卫生间没有设置儿童洗手盆	儿科门诊楼层公共卫生间没有设置儿童洗手盆，不方便看诊儿童自行洗刷	在儿科等特殊人员密集区公共卫生间内应合理设置高低洗手池，方便携带儿童家属照顾小孩
18	儿科门诊卫生间内没有设置儿童小便斗	儿科门诊卫生间内没有设置儿童小便斗，不方便男童使用	在儿科等特殊人群密集区公共卫生间内应设置儿童小便斗，方便男童使用
19	急诊卫生间有踏步	急诊卫生间多为急诊人群使用，急诊患者居多，卫生间设置踏步不利于脚伤患者使用	院内公共卫生间不应设置踏步
20	病房门不锈钢板割手	病房门不锈钢板没有包边处理，容易割手划伤	慎重选择病房门样式

续表

序号	设计缺陷类型	设计缺陷文字描述	优化建议
21	急诊到住院通道没有风雨连廊	急诊和住院在不同单体时，如通道没有风雨连廊，会严重影响病患就医体验	合理规划病人室外通道
22	病房卫生间扶手安装不合理	房间只配置单边扶手，个别病患较重住院病人使用不便	增加双边扶手，方便病人使用
23	病区没有设置衣服晾晒区	病区没有设置衣服晾晒区，不方便住院患者换洗衣物	增加病区晾衣间
24	住院病房门设计不完善	住院病区为增加通风，常设计为空气对流形式，病房门、阳台门常常因对流风力原因快速关闭，一方面是不利于病人休息，另一方面容易夹伤病人	建议设计缓冲闭门器，或者优化设计解决空气对流造成门快速关闭的问题
25	住院病房室内地面与阳台地面高差较大，容易绊脚	住院病房内未能设计成无障碍，易造成行动不便者摔跤，存在安全隐患	病房内完善无障碍设计
26	常闭式防火门设计不合理	因医院人流量大，常闭式防火门非常不便于日常使用，特别是电梯前室的常闭式防火门，对于行动不便者或是坐轮椅者非常不便利	人流量大的地方建设设计为常开式防火门或防火卷帘
27	缺乏辅助、仓储用房	未设计辅助及仓储用房，导致杂物堆放在疏散楼梯口，存在安全隐患	应全面统筹仓储设计
28	洗婴池问题	洗婴池和洗手盆为台上盆，台面有积水，滋生蚊虫	设计为台下盆
29	洗手盆做法不合理	病房内卫生间洗手盆如采用大理石等天然石材设计，其棱角尖锐，存重大安全隐患	公共场所特别在湿滑位置均应优先考虑安全问题
30	房门方向不一致	净化区域部分房门方向不一致，造成缓冲间无法使用，医生出入别扭	把门开关方向改为同一方向，节约的空间可以设置踏脚板
31	污物间地板材料不合理	污物间为湿区，地板材料为 PVC 材料时，易造成地板开裂、发霉	污物间地板贴瓷砖，便于冲洗
32	过道瓷砖边角不合理	过道处瓷砖边角锋利，存在安全隐患	通道瓷砖边缘可改为弧形
33	门诊楼手术室走廊	手术室外走廊设备堆放严重	设备间过小，无法满足要求，应合理设计设备间尺寸
34	门诊楼手术室洁净区	无菌物品发放间、器械间等门为木门时，杀菌清洁困难	设计为易清洁、杀菌的不锈钢整门
35	妇产与新生儿科	考虑到新生儿童的防盗问题，两个楼梯门不能自由通行（加消防锁），医护人员及病患只能通过电梯出入，交通受到一定制约	建议有防盗要求的科室，除消防楼梯外，增加另外一条楼梯通道，方便出行

3.5 大型医疗建筑设计阶段 BIM 技术应用的管理策略

3.5.1 医疗建筑 BIM 应用概述

近年来，医院建筑人流量大、空间复杂、设备多样、信息密集等特点越来越突出，因此医院建筑一直被看作是建筑行业中项目管理的难点。随着 BIM 技术在国内开发、应用的日渐成熟，结合医院建筑的专业性强、涉及专业多样、功能复杂、施工及运营复杂等特性，建设一套依托于 BIM 的建筑全生命周期管理机制与平台显得尤为重要且意义重大。

随着信息化技术的发展，3D 技术正逐步渗入整个工程建设行业和数字化运营管理领域，使工程在规划、设计、建造、运营管理等方面真正插上了互联网思维的翅膀。建筑信息模型（Building Information Modeling，BIM）作为工程设计建造管理信息化工具的突出代表，在国内外得到了广泛应用和关注。它具有 3D 可视化、协调性、模拟性、优化性、可出图性、参数化、一体化、信息完备性等特点，通过利用各项数字信息仿真模拟工程项目中建筑物所具有的真实信息，达到在项目策划、施工、运营维护的全生命周期过程中进行共享和传递信息的目的，为各项工作提供决策依据和智能管理平台。

贯彻落实住房和城乡建设部《关于印发推进建筑信息模型应用指导意见的通知》和《2016-2020 年建筑业信息化发展纲要》文件精神，全面提高医院建筑业信息化水平，着力增强在 BIM、大数据、云计算、物联网等信息技术集成应用能力，同时也为了进一步深化由国家卫生健康委医院管理研究所组织的《中国医院建设指南》中"基于 BIM 的中国医院建设"的指导意义，迫切需要我们从医院类工程项目的规划、设计、施工、运营等各个阶段，开展全生命期的 BIM 技术应用，为其他 BIM 技术全过程应用项目提供参考和借鉴。

（1）医疗建筑 BIM 实施管理的特点

针对医院工程的建设特点，项目的 BIM 管理除做好一般项目的 BIM 应用管理工作外，需要格外加强 BIM 技术在医疗工艺设计，各诊室、医技、病房各医疗单元，医技后勤、物流、防辐射、ICU 等专业医疗系统工艺流线设计、初步设计、深化设计的应用以及医疗设备数字信息收集等方面应用的管理工作，还需考虑施工招标阶段招标文件对医疗工艺专项系统的 BIM 技术要求。

（2）医疗建筑 BIM 实施管理的重点

新建的医疗建筑单体覆盖专业众多、设施复杂，医疗工艺专业技术要求精深复杂，除通常的给水排水、电气、暖通、智能设备、电梯外，还包括医用气体、洁净手术室、放射防护屏蔽、ICU 治疗室、医用设备以及飞机停机坪。在建设期间，参建团队庞大，在主体设计、专项设计、招标投标各阶段均须各参建单位（建设单位、全过程工程咨询、设计、第三方咨询等）参与 BIM 工作。

医疗建筑 BIM 实施管理的重点如下：

1）从参建单位多方面考虑，应做好 BIM 实施标准的统一性、层次性的计划性与可执行性的功能保障，保障数据可持续应用；

2）从现场建设管理协调方面，借助 BIM 管理平台，除做好施工现场 BIM 交通组织规划模拟外，还应确保与各参建方、招标人和医院使用方的外部协同机制的顺畅保障；

3）从 BIM 的具体应用上，应做好项目开发衍生的巨量交互数据的存储、传输，做好内部数据协同，为 BIM 信息输出、传递的效果提供保障；

4）BIM 综合交付的整合性与价值实现保障；

5）医院重点专有设备、设施的 BIM 专项工作推进。

3.5.2　医疗建筑 BIM 应用目标

（1）BIM 应用总目标

1）BIM 在设计阶段，能准确表达设计意图，检查设计错误

设计阶段在工程设计过程中，可随时进行设计检查、修改（错、漏、碰、缺）等，而修改结果会在整个项目的各个专业、各个环节中实时反应，即三维模型能自动关联协同修改二维图纸，提高检查沟通效率，准确传达设计意图，进而提升整体设计质量。

2）BIM 模型提供多元化信息，提高施工效率、节约成本、沟通顺畅

BIM 模型提供了有关建筑物几何参数、质量、进度以及成本等信息。基于此，项目承包方可与监理、业主方进行直观有效沟通，更好进行方案的规划、进度安排及时调整、材料统计等，从而提升项目整体管理水平。

3）BIM 让项目在建设完成后的运营管理更加便捷、智能

在项目建成后 BIM 模型可同步提供有关建筑及其材料、设备性能等多方面的信息，可利于后期的运营管理、维护、分析、更新规划等用途；极大提高运营管理水平，使运营更加便捷和自动化。

4）BIM 协同机制管理，高效管理项目

建立基于 BIM 协同工作机制，明确设计、施工阶段各参与方（包括分包单位）之间的协同工作、成果提交等的流程以及信息交换方式和内容，明确人员职责，制定管理制度。

通过在项目上使用 BIM 技术和管理手段，合理协调各阶段工作，提高效率，提高质量，实现与发包人、设计、设备供应、专业分包、劳务分包等相关企业无缝对接及应用、共享。

5）BIM 智慧运维管理平台管理

为了切实解决和满足项目在管理中的问题，针对项目特点，提出了基于 BIM 的智慧运维管理平台的方案。BIM 有效地整合了规划设计阶段，施工管理阶段的关联基础数据，完全无误地将其导入运营数据库，再结合相关的网络技术和物联网技术，使项目的运营管理更具有应变性和可控性。借此可以很好地补足项目在智能化和信息化建设中关于设施设备和后勤服务的信息化建设的重要拼图，更可以利用 BIM 友好的沟通界面，实现后勤服务工作与患者之间的互动，提升服务品质，同时实现绿色节约型项目的建设推动工作。

（2）前期设计阶段 BIM 应用目标的分解

1）咨询 BIM 应用目标

将 BIM 作为工程项目管理和技术手段，提高投资、设计、施工乃至整个工程生命期的质量和效率，提升科学决策和管理水平，提升对项目的掌控能力和科学管理水平；并实现竣工数字化交付，为今后的运营维护打下良好基础。

2）设计 BIM 应用目标

运用 BIM 技术建立地质岩层模型，对建筑空间关系进行分析，辅助规划设计；对人流、车流交通流线分析，辅助道路规划设计；对建筑进行风、光、声、热分析，辅助绿色建筑及相关设计。

利用 BIM 技术进行协同设计，提高设计图纸质量，批量输出复杂剖面、大样、详图，提高出图效率；对各专业设计可能存在的碰、缺、错、漏等问题进行三维可视化检查，优化机型管线综合方案设计方案和出图质量；优化管线排布方案，以及设备用房预安装演示，满足净高需求和后续施工安装及维修对空间尺度的需求。

基于 BIM 技术，辅助建筑设计方案，对机电和装修方案进行优化比选，进行紧急疏散分析、火灾分析、模拟逃生路线，辅助标识标牌设计布置等。

采用 BIM 技术提前进行预制构件的预安装、大型医疗设备搬运安装演示，配合进行复杂节点的安装方案完善，配合设备参数的确认及后续的采购。

3）对施工 BIM 应用目标的要求

基于设计阶段模型及施工图进行施工 BIM 模型深化，运用 BIM 技术进行图纸会审、辅助方案决策与深化、三维可视化施工方案交底、大型施工设备进场、大型精密设备安装、预制构件吊装施工模拟、工程量统计等应用，消除各专业碰撞及优化设计不足和缺漏项，提交相关单位审核，最终形成施工深化标准模型，出具指导施工用深化图纸，实现 BIM 的落地应用。

进行 BIM 在管理上的应用，对施工进度实现精确计划、跟踪和控制，动态地分配施工资源与场地，实时跟踪工程项目实际进度，比较计划进度和实际进度，及时分析偏差对工期的影响程度及产生原因，采取有效措施，及时调整以保障工程项目工期顺利完成，加强项目管控力度，保障项目建设进度。

筹划智慧化建造工地方案，建立智慧监测预警系统，采用无人机技术，结合 BIM 技术，实现项目监测、预警、管控的信息可视化管理。通过智能化视频分析，对工地人员、设备、材料、环境的全面信息实时监控、识别，捕捉现场存在的不安全因素，变被动"监督"为主动"监控"，保障项目建设安全、有序开展。

4）对竣工交付 BIM 应用目标的要求

借助 BIM 三维可视化的信息技术，配合项目施工现场的各项的验收工作，减少设计图纸和纸质资料查阅的工作量。

结合 BIM 链接信息的应用技术，实现重要的隐蔽施工记录、洽谈记录、设备材料信息、竣工验收信息（如形成的相关文件、报告、评估等）、工程质量保修书、建筑使用说明书等的高效管控与归档，保证项目信息资料的有效实时化流通。

5）对信息化管理应用目标的要求

借助 BIM 咨询管理平台来强化工程项目管理信息化平台建设和利用。搭建项目级的 BIM 共享平台，实现工程进度实时监控、进度动态展示，提高管控效率。

运用 BIM 咨询管理平台将项目各参建单位人员与 BIM 应用任务、BIM 审批管理、BIM 资料管理、履约评价等相关工作进行关联并流程化上线，达到线上可视化、快速高效审批的目的。

建立及完善 BIM 成果管理体系，提高 BIM 各项技术应用，对成果进行总体把控，将 BIM 数据集中管理，协同共享，达到评价体系线上线下一体化，实现评价结果公开透明化，促进项目 BIM 工作有效、有序、稳定地开展。

3.5.3　设计阶段 BIM 工作内容

（1）BIM 管理工作

1）BIM 管理策划

①组建项目 BIM 管理团队；

②编制项目 BIM 管理规划；

③建立 BIM 实施的协调机制及实施评价体系。

2）BIM 实施管理

①基于 BIM 开展工程管理工作，包括基于 BIM 的技术审查、项目例会等；

②审核招标投标文件 BIM 专项条款；

③审核项目各阶段 BIM 实施方案（方案阶段、初设阶段、施工图阶段、施工图封版阶段、招标阶段、施工阶段）和各专项实施方案（机电专项、钢结构专项、幕墙专项、医疗工艺专项、装饰装修专项）；

④编制项目 BIM 实施管理细则（含协同方式、工程量管理辅助、机电工程、精装修工程、医疗工程）；

⑤编制项目各项 BIM 实施技术标准和规范及 BIM 实施计划；

⑥审核 BIM 实施单位提交的相关模型成果（含模型信息）包括建筑、结构、机电、医疗等专业模型、各专业的综合模型，及相关文档、数据成果，确保 BIM 应用深度符合各个阶段深度技术要求；

⑦审核 BIM 实施单位提交的 BIM 可视化汇报资料、管线综合 BIM 模型成果、BIM 工程量清单、BIM 模型"冲突检测"报告；

⑧审核 BIM 实施单位对于管线综合分析和优化调整的成果，分析基于 BIM 的管线综合系统解决方案。

3）BIM 平台管理

负责项目 BIM 管理平台的管理，实现项目各参与方的协同。针对上述工作内容实施阶段进行划分，各阶段 BIM 管理工作内容请详见表 3-9。

各阶段 BIM 管理团队工作内容一览表　　　　　　　　表 3-9

实施阶段	BIM 管理团队工作内容
前期准备阶段	1. 组建 BIM 管理团队； 2. 编制项目 BIM 管理规划； 3. 编制项目 BIM 管理总体目标、项目 BIM 管理总体计划； 4. 审核项目 BIM 实施方案、BIM 实施标准和规划（包括软硬件及平台）、BIM 实施总体计划
招标投标阶段	1. 审查 BIM 咨询单位招标文件相关 BIM 条款； 2. 审核 BIM 咨询单位编制的项目各个招标文件中相关 BIM 条款
方案设计阶段	1. 审查 BIM 咨询方提交的设计阶段 BIM 实施细则、标准及计划； 2. 审核 BIM 咨询方提交的 BIM 模型及应用成果； 3. 审核模型方案是否满足业主及项目要求； 4. 审核 BIM 咨询方提交的 BIM 成果和阶段工作总结
初步设计阶段	1. 审核 BIM 咨询方提出的模型精度深化要求； 2. 审核 BIM 咨询方提交的整合后的 BIM 模型及应用成果（包含设计方案优化调整）； 3. 对于此阶段出现的 BIM 问题参与沟通协调； 4. 审查 BIM 咨询方提交的初步设计阶段的各项 BIM 成果及阶段工作总结

续表

实施阶段	BIM 管理团队工作内容
施工图设计阶段	1. 审核 BIM 咨询方提交的复杂区域实施方案及控制目标； 2. 参与 BIM 问题沟通协调工作； 3. 审核 BIM 咨询方提交的 BIM 可视化汇报资料，参与 BIM 设计评审及汇报工作； 4. 审核 BIM 咨询方提交的施工图设计阶段的各项 BIM 成果及工作总结； 5. 参加设计阶段 BIM 项目验收及成果会审

（2）BIM 技术应用（表 3-10）

设计阶段 BIM 应用点清单

表 3-10

应用项	应用点	工作内容	实施单位
一、设计 BIM 实施准备	1.BIM 招标文件编制	全过程工程咨询单位应在招标文件中增加 BIM 条款，明确设计 BIM 实施方案、BIM 实施目标、BIM 交付等技术要求，以及 BIM 业绩、BIM 团队等商务要求	全过程工程咨询单位
	2.BIM 投标文件评审	建设单位、全过程工程咨询单位对投标文件中的 BIM 内容进行评审，主要包括 BIM 技术标、商务标和能力展示三项内容	建设单位、全过程工程咨询单位
	3.BIM 合同条款编制	建设单位、全过程工程咨询单位在合同中明确 BIM 要求，作为 BIM 实施、费用支付、成果验收的主要依据	建设单位、全过程工程咨询单位
	4. 各参建单位 BIM 团队要求	建设单位、全过程工程咨询单位、设计单位等组建各自的 BIM 实施团队	建设单位、全过程工程咨询单位、设计单位
	5.BIM 实施软硬件配置	建设单位、全过程工程咨询单位、设计单位等配置相应的软硬件设备，满足 BIM 应用的需要	建设单位、全过程工程咨询单位、设计单位
二、前期规划阶段的 BIM 成果接收	6. 前期规划 BIM 成果接收	设计单位从建设单位处接收前期规划 BIM 成果，用于设计阶段的 BIM 实施	建设单位、设计单位
三、设计 BIM 应用内容和要求	7.《设计 BIM 实施方案》编制	设计单位编制项目的《设计 BIM 实施方案》，并作为项目设计 BIM 实施的依据	设计单位
	8.《设计 BIM 实施方案》评审	建设单位、全过程工程咨询单位组织对项目的《设计 BIM 实施方案》进行评审，经评审通过的 BIM 实施方案方可作为正式的实施依据	建设单位、全过程工程咨询单位
	9. 设计 BIM 模型命名和编码	设计单位依据《建筑信息模型分类和编码标准》GB/T 51269 和《建筑工程设计信息模型制图标准》JGJ/T 448 编制项目设计 BIM 模型命名和编码规则	设计单位
	10. 设计 BIM 模型创建	设计单位应以《建筑信息模型应用统一标准》GB/T 51212、《建筑工程设计信息模型制图标准》JGJ/T 448 和《广东省建筑信息模型应用统一标准》DBJ/T 15-142-2018 为依据，根据项目《设计 BIM 实施方案》的要求创建设计阶段 BIM 模型，设计 BIM 模型是设计 BIM 的主要成果之一	设计单位

续表

应用项	应用点	工作内容	实施单位
	11. BIM 设计方案比选	设计单位在设计各阶段通过构建或局部调整方式，形成多个备选的设计方案模型（包括建筑、结构、机电），进行比选，实现项目方案决策的直观和高效	设计单位
	12. 设计图纸校审报告	设计单位应利用 BIM 模型对各专业图纸进行校核，并提出设计图纸审核报告，消除设计过程中出现的图纸错误	设计单位
	13. 专业综合	设计单位对设计 BIM 模型进行专业内和专业间综合分析，提供分析报告及优化建议，解决各专业错漏碰缺的实际问题	设计单位
	14. 预留洞核查报告及留洞图	设计单位根据优化的管线排布方案，对结构预留孔洞检测分析，并给出最佳开孔位置；出具预留孔洞核查报告及预留孔洞出图	设计单位
	15. 装配式构件图纸深化	设计单位基于 BIM 模型进行建筑构件的装配式出图，满足项目建筑构件的适当装配率	设计单位
	16. 建筑指标统计分析	设计单位通过 BIM 模型计算面积、体积、数量等建筑指标，服务于设计方案的优化、管理和报批工作	设计单位
	17. 建筑性能化分析	设计单位通过 BIM 模型进行日照环境、风环境等建筑性能化分析，用于设计方案的验证和优化	设计单位
三、设计 BIM 应用内容和要求	18. 净空净高分析	设计单位通过 BIM 模型对项目主要、核心或关键功能要求及相应的空间（如走廊、电梯厅、办公室等室内外空间）进行分析，保证项目的合理空间利用	设计单位
	19. 疏散模拟分析	设计单位利用 BIM 模型对医院进行人流高峰期及消防人流疏散模拟，对平面布置提出优化建议，确保人流通畅	设计单位
	20. 虚拟漫游	设计单位利用 BIM 技术，对项目的重点室内外部位进行虚拟漫游，辅助设计方案的效果展示	设计单位
	21. 模拟分析	设计单位利用 BIM 技术对设计方案进行模拟分析，如应急预案模拟、设备安装模拟等，验证及优化设计方案	设计单位
	22. 工程量统计	设计单位通过 BIM 模型对土建、机电、钢结构、幕墙、精装等专业的工程量进行统计，辅助限额设计的实施	设计单位
	23. 设计 BIM 模型和 BIM 应用成果的管理	全过程工程咨询单位应根据项目的 BIM 管理要求做好设计阶段各专业 BIM 模型和 BIM 应用成果的审核工作	全过程工程咨询单位
	24. 基于 BIM 的设计质量管理	全过程工程咨询单位细化确定各设计阶段管控节点，利用管控节点的 BIM 交付成果，强化设计过程的精准管控，提高设计交付的质量	全过程工程咨询单位
	25. 基于 BIM 的设计协同管理	设计单位通过建立基于 BIM 的设计协同机制，提高协同工作效率；同时与工程项目协同机制保持一致，保证各参建单位间的高效协同	设计单位、建设单位、全过程工程咨询单位

续表

应用项	应用点	工作内容	实施单位
三、设计 BIM 应用内容和要求	26. 基于 BIM 的工程成本管理	建设单位、全过程工程咨询单位应制定设计阶段基于 BIM 的工程量管理计划与实施规划方案，利用设计各阶段工程量统计结果，辅助开展工程成本分析、投资控制、招标投标等工作	建设单位、全过程工程咨询单位
	27. 设计 BIM 进度管理	建设单位、全过程工程咨询单位应基于设计各阶段 BIM 成果提资或交付要求制定设计阶段基于 BIM 的实施进度计划方案，实现设计各分项、各阶段的 BIM 进度管理与控制	建设单位、全过程工程咨询单位
	28. 设计 BIM 成果深度管理	全过程工程咨询单位应根据《建筑工程设计文件编制深度规定（2016 版）》和《建筑工程信息模型交付标准》GB/T 51301，结合项目特定设计各阶段项目目标与成果需求，制定设计阶段基于 BIM 的成果深度管理方案，实现设计各分项、各阶段的 BIM 深度管理与控制	全过程工程咨询单位
	29. 创优目标	积极参与申报国内知名 BIM 相关比赛，如"创新杯""龙图杯"全国 BIM 大赛、住博会·中国 BIM 技术交流暨优秀案例作品展示会大赛等	设计单位
四、设计 BIM 成果的归档和移交	30. 设计 BIM 成果归档	设计单位在设计各阶段结束后，负责本阶段的设计 BIM 成果归档、汇总工作，形成数字化成果	设计单位
	31. 设计 BIM 成果移交	设计单位将汇总的各阶段设计 BIM 成果移交给全过程工程咨询单位、施工总包单位，完成设计 BIM 成果的数字化移交	设计单位、全过程工程咨询单位、施工总包单位
五、设计 BIM 考核评价	32. 编制《设计 BIM 考核评价细则》	建设单位、全过程工程咨询单位根据《设计 BIM 实施方案》的统一要求，组织编制设计阶段各参建单位 BIM 实施的考核评价细则，用于检查设计阶段 BIM 实施的过程和成果	建设单位、全过程工程咨询单位
	33. 开展参建单位 BIM 考核评价工作	建设单位、全过程工程咨询单位根据《设计 BIM 考核评价细则》对设计阶段各参建单位的 BIM 实施工作进行考核评价	建设单位、全过程工程咨询单位
六、施工阶段 BIM 应用准备	34. 设计 BIM 模型创建中的施工准备要求	设计单位应根据建设单位 BIM 实施的统一要求，在编制《设计 BIM 实施方案》时应考虑与施工阶段 BIM 实施的衔接和准备工作，并在设计 BIM 模型创建时，充分考虑模型向施工阶段沿用的基本要求，如命名、编码规则、模型切分等	设计单位

3.5.4　BIM 在方案设计阶段的应用

（1）土建模型搭建

建筑、结构专业模型搭建的主要目的是利用 BIM 软件，建立三维几何实体模型，进一步细化建筑、结构专业在方案设计阶段的三维模型，以达到完善建筑，结构设计方案的目标，为施工图设计提供设计模型和依据。

在方案设计阶段，由于设计方案的不确定性，所安排的相关应用点对建模的精度要求也不高，因此该阶段的建模主要包括基本的建筑结构以及简单构造的门窗，保证在楼层标高、墙面厚度、门窗位置以及外观效果与设计方案一致。

根据设计资料，建立方案设计信息模型，完成项目指定空间的建筑、结构专业BIM模型搭建，模型应包含方案的完整设计信息，包括方案的整体平面布局，立面设计，面积指标等；基于二维设计图纸建立模型的，应确保模型和方案设计图纸一致。同时还应根据设计进展，对已创建的BIM模型及时进行更新和修正，确保BIM模型与每一阶段的设计成果都保持同步，且不存在专业冲突，直至施工图交付（图3-42～图3-44）。

图3-42　土建BIM模型

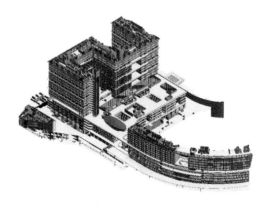

图3-43　建筑BIM模型

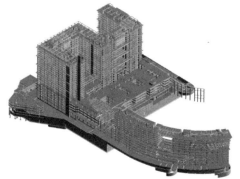

图3-44　结构BIM模型

（2）建筑性能化分析

2006年，我国发布了第一部国家级综合性绿色建筑评价标准——《绿色建筑评价标准》GB/T 50378，2014 年住房和城乡建设部我国对绿色建筑评价标准进行了修正，2019 年第二次对绿色建筑评价标准又进行较大规模的修正，并推出修订版。我国现行的绿色建筑标准体系由安全耐久、健康舒适、生活便利、资源节约、环境宜居 5 类指标组成，且每类指标包括控制项和评分项；评价指标体系还统一设置加分项。该绿色建筑评价体系具有灵活性，能够根据不同的区域、气候和建筑特点来减少一般项的项数或者调整一般项的要求，以此来符合实际工程的建筑特征。

以下以绿色建筑结合 BIM 技术在深圳市坪山区人民医院迁址重建项目中的应用为例，进行各建筑性能化分析。

1）室外风环境模拟分析

城市中高大建筑的数量和高度与日俱增，这些建筑的建成显著改变了城市的风环境。一方面，高大密集的建筑群，降低了城市的通风、自净能力，加剧了在低风速条件下城市的空气污染和热岛效应；另一方面，在风速较大时，高大建筑周围会产生局部强风，影响到行人的舒适与安全，引出行人风环境（pedestrian level wind environment）问题。

计算流体力学（Computational Fluid Dynamics，CFD）可以准确地模拟计算建筑内外的三维速度场和温度场，本书采用基于 CFD 原理的计算模拟软件 PHOENICS 作为模拟工具，分析和评价项目的室外风环境现状与室内自然通风的潜力。PHOENICS 是在 CFD 软件群的基础上进行建设研究，该软件针对不同的风向流动考虑不同业主的需求，在相符合的地区内通过各种离散格式、数值方法，计算出速度、稳定性和精度等，通过多次模拟分析比较得出最佳组合方案，最终达到高效解决各种不同复杂流动计算问题的目的。

根据深圳市多年的气象资料，深圳的地面风向存在非常明显的季节变化，秋、冬季偏北风为主，春、夏季则以偏东风为主；根据深圳市近多年风向观测记录，深圳市全年的风向频率以东北风最高，秋季与冬季盛行东北风，春季与夏季盛行东南风（图 3-45 ~ 图 3-47）。

根据过渡季风况分析，项目整个区域内风环境良好，人行高度 1.5 米处风速为 0.348 ~ 5.22m/s，平均风速达到 2.35m/s，满足国家《绿色建筑评价标准》GB/T 50378 对室外风速的要求；其中人行高度风速放大系数约为 1.5，满足国家《绿色建筑评价标准》GB/T 50378 对风速放大系数的要求。

改善措施：要使建筑周围有良好舒适的风环境，就要适当地增加建筑之间的间距，同时要合理地布置建筑的相对位置，引导风的流动，避免建筑布置在风影区内和防止在建筑周围形成过大的速度的风，创造良好的室外风环境。

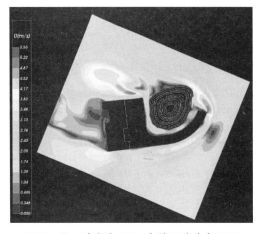

图 3-45　过渡季 1.5m 高处风速分布云图

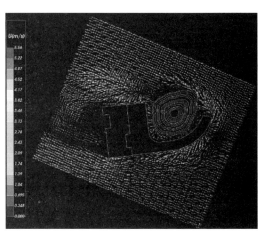

图 3-46　过渡季 1.5m 高处风速矢量图

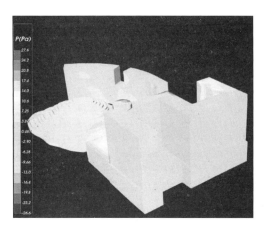

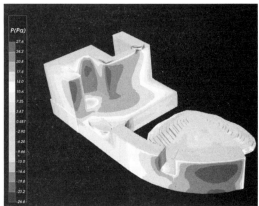

图 3-47　过渡季 1.5m 高处迎风面与背风面风压分布云图

　　建筑迎风面的平面形式是外凸或者内凹，将会产生不同的涡旋气流走向。如果建筑迎风面的平面是外凸的形式，将把更多的建筑周围的气流转移开来，化解一部分迎风面涡旋的气流。

　　2）室外声环境模拟分析

　　由于环评报告中的噪声检测数据不能反映项目建成后真实的噪声情况，对于区域内人员办公缺少有利的指导数据。因此，项目采用专业噪声软件 SIDU，根据周边道路等主要噪声情况进行预设，通过计算机模拟得出最接近项目建成后的噪声环境（图 3-48 ～图 3-51）。SIDU 软件的计算模拟分析原理源于国际标准化组织规定的《户外声传播的衰减的计算方法》ISO9613-2：1996、国内公布的《声学户外声传播的衰减第 2 部分：一般计算方法》GB/T 17247.2 和《环境影响评价技术导则》HJ2.4、《公路建设项目环境影响评价规范》JTG B03。

图 3-48   场地 1.2m 高度处声压级分布图（昼间）

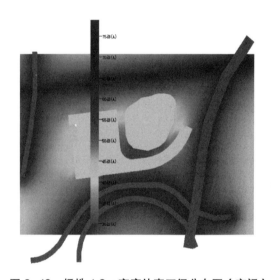

图 3-49   场地 1.2m 高度处声压级分布图（夜间）

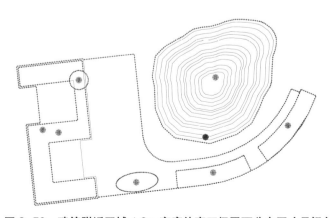

图 3-50   建筑附近区域 1.2m 高度处声压级平面分布图（昼间）

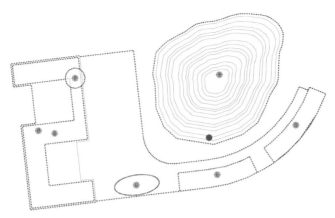

图 3-51　建筑附近区域 1.2m 高度处声压级平面分布图（夜间）

从以上分析结果可以看出，项目场地内昼间噪声最大值为 59dB，夜间最大值为 50dB，噪声环境良好，满足《声环境质量标准》GB 3096-2008 的相关要求，即满足昼间噪声不大于 60dB、夜间不大于 50dB。符合《绿色建筑评价标准》GB/T 50378-2019 第 8.2.6 条规定。条款要求："场地内环境噪声符合现行国家标准《声环境质量标准》GB 3096 的有关规定"。

3）日照模拟分析

阳光是人类生存和保障人体健康的基本要素之一。在居住内部环境中能获得充足的日照是保证居住者尤其是行动不便的老、弱、病、残者及婴儿的重要条件，同时也是保证居室卫生、改善居室小气候、提高舒适度等居住环境质量的重要因素。建筑规划布局应满足日照标准，且不得降低周边建筑的日照标准，且同时应满足医院、疗养院半数以上的病房和疗养室应能获得冬至日不小于 2 小时的日照标准。在医院方案设计中，对方案进行日照模拟、分析和评价，提出可行的改进意见，尽可能合理布置组团布局、控制建筑间距和优化建筑体型，创造具有良好日照条件的居住空间。

日照的分析和评价是一个综合性的问题，它需要用多系统化的思想解决从小区规划、单体设计到环境控制系统等诸多环节的问题。对于现有建筑的日照进行客观评价，其目的在于更合理地利用现有建筑，本工程采用众智日照分析软件，众智全面解决了全国各地任何时段的日照分析问题，计算科学准确，使用简单方便，是建筑设计领域强有力的日照分析工具（图 3-52 ～图 3-54）。

根据分析结果可见，项目建筑之间保持了足够的日照间距，建筑间的相互遮挡不明显，半数以上的房间应能获得冬至日不小于 2 小时的日照标准，且建筑不对周边居住建筑日照造成影响。

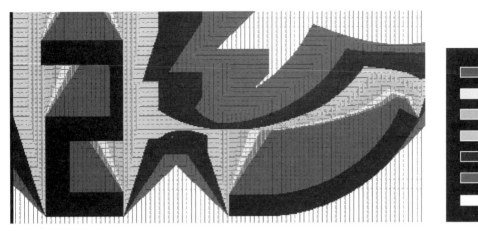

图 3-52　冬至日照分析图

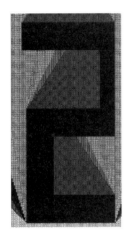

图 3-53　住院楼 22F

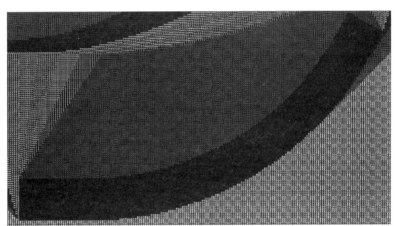

图 3-54　教学科研楼 12F

4）采光率模拟分析

天然光营造的光环境以经济、自然、宜人、不可替代等特性为人们所习惯和喜爱。各种光源的视觉试验结果表明，在同样照度条件下，天然光的辨认能力优于人工光。天然采光不仅有利于照明节能，而且有利于增加室内外的自然信息交流，改善空间卫生环境，调节空间使用者的心情。在建筑中充分利用天然光，对于创造良好光环境、节约能源、保护环境和构建绿色建筑具有重要意义。

项目采用绿建斯维尔采光分析软件 Dali 建模。Dali 是国内首款与国标《建筑采光设计标准》GB 50033 配套的软件，支持《绿色建筑评价标准》GB/T 50378 的采光指标要求。软件以 Radiance 为计算核心，将计算结果返回到 Dali 进行处理分析。Dali 可对眩光指数、达标率、地下采光、内区采光、视野率等进行快速分析，并根据不同需求生成《不舒适眩光分析报告书》等系列采光分析报告书。

采光系数分析彩图可以直观地反映建筑内各个房间的采光效果（图3-55、图3-56）：

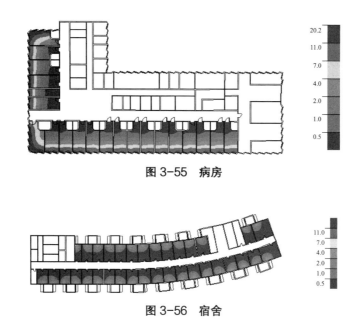

图3-55　病房

图3-56　宿舍

通过对项目中主要功能房间采光系数的计算，求得各个主要功能房间的达标面积，统计全部达标面积除以建筑主要功能房间的总面积，最终得到单体建筑的达标率，从而得出采光率分析报告。

（3）项目平面功能分区布局（一级医疗工艺流程辅助分析）

基于BIM应用技术的一级医疗工艺流程辅助分析，首先要明确一级医疗工艺流程的含义及组成，再利用BIM技术进行针对性设计。确定医院分类、医院建设指标、医院等级、医院的基本设施和其他功能设施、功能单元和系统之间相互关系的总体性规划设计，被定义为医院建筑医疗工艺一级流程。

首先，对于医疗工艺的一级流程进行梳理，然后针对项目，通过BIM模型来进行一级流程的设计。在一级流程设计中，依靠体块模型，对项目的总体医疗系统进行识别敲定，其主要体现在医疗建筑综合体、医疗建筑单体、主要功能分区等方面（图3-57、图3-58）。

（4）交通流线分析

为了使医院外部交通流线更加便捷通畅，需要在规划中避免步行流线、车行流线、后勤服务流线等的交叉。由于医院的人流车流密集而且复杂，根据院内不同的交通场景，借助BIM模型模拟，考虑不同车辆到达方式、交通需求，最终确定单向循环的交通流线来组织全院交通（图 3-59、图 3-60）。

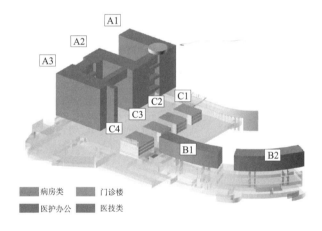

图 3-57　一级流程布置图

图 3-58　一级流程布置图

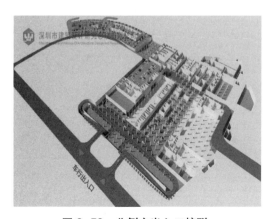

图 3-59　北侧主出入口接驳

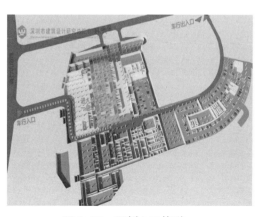

图 3-60　西侧入口接驳

（5）漫游模拟及精装方案对比

1）漫游模拟

BIM 虚拟仿真模拟漫游技术是对 BIM 模型的进一步深化和挖掘，利用该技术得到的 BIM 虚拟仿真模拟漫游动画是展现建筑物使用功能及表达设计理念很好的方式，能够为人们展现建筑物真实使用时面临的情况。利用 BIM 虚拟仿真漫游模拟技术得到的虚拟动画可视化功能十分强大，效果真实可信，利用此项优势对建筑方案设计、建筑方案展示和建筑方案优化等方面进一步完善和挖掘。

利用 BIM 软件模拟建筑物的三维空间，通过漫游、动画的形式提供身临其境的视觉、空间感受，及时发现不易察觉的设计缺陷或问题，减少由于事先规划不周全而造成的损失，有利于设计与管理人员对设计方案进行辅助设计与方案评审，促进工程项目的规划、设计、投标、报批与管理。

BIM 虚拟漫游模拟是根据设计阶段完善的 BIM 模型，将 BIM 模型转入虚拟现实平台中，在虚拟现实平台内调整 BIM 模型材质、灯光、环境、人物等内容，需全面反映项目的真实情况。

虚拟现实有强大的移动端支持，可以把文件打包为一个 exe 的可执行文件，供参建各方在移动设备里像玩游戏一样审阅模型，自由浏览、批注、测量、查看 BIM 模型参数，随心所欲，方便快捷（图 3-61、图 3-62）。

2）精装方案比选

设计方案比选的主要目的是选出最佳的设计方案，为初步设计阶段提供对应的设计方案模型。通过构建或局部调整方式，形成多个备选的设计方案模型，检查其备选方案模型的可行性、功能性和美观性等方面，并进行比选，形成相应的方案比选报告，选择最优的设计方案，使项目方案的沟通讨论和决策在可视化的三维仿真场景下进行，从而实现项目设计方案决策的直观和高效。

在方案设计阶段，使用 BIM 技术，对部分房间进行精装修建模和渲染，能够快捷地对多个项目精装方案进行模拟，通过优秀的可视化效果，辅助业主对精装方案进行确定。一方面，BIM 模拟有利于对医院装饰风格的把控，另一方面，提前确定方案所用到的装饰材料及材料用量，起到辅助及支撑装饰造价控制等工作进行的作用。更重要的是，通过方案阶段的多方案装修效果模拟，可以避免项目建设后期出现"颠覆性"的建筑结构设计变更（图 3-63 ~ 图 3-68）。

图 3-61　项目方案整体漫游

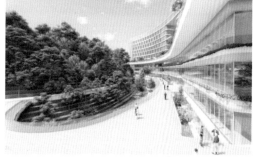

图 3-62　室外景观及步道模拟

图 3-63　护士站原精装方案

图 3-64　护士站新精装方案

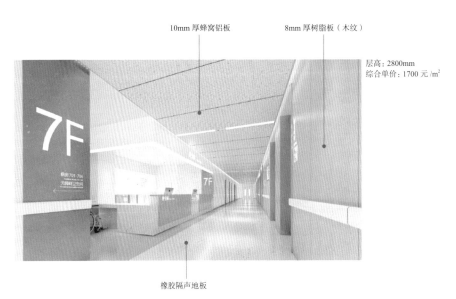

10mm 厚蜂窝铝板　　　8mm 厚树脂板（木纹）

层高：2800mm
综合单价：1700 元 /m²

橡胶隔声地板

图 3-65　护士站装饰材质及综合造价估算

图 3-66　儿童中心原精装方案

图 3-67　儿童中心新精装方案

双层纸面石膏板 + 无机涂料　　　　双层纸面石膏板 + 无机涂料

层高：4500mm
综合单价：2500 元 /m²

橡胶隔声地板　　　8mm 厚树脂板（白色）　有色无机涂料

图 3-68　儿童中心装饰材质及综合造价估算

坪山区人民医院迁址重建项目的室内设计提出了通透豁达、曲线整洁、绿色疗愈的要求。借助方案阶段搭建的 BIM 模型，将 BIM 模型转入轻量化软件中，通过调整轻量化 BIM 模型的材质、灯光、环境、人物等内容，全面反映项目室内的真实情况。通过 BIM 技术可以将传统 CAD 图纸中的墙、面、地面、吊顶、隔断等摆脱专业的符号，以 3D 真实构件的形式展现出来，让项目参与各方能够轻松读懂设计理念，改善沟通环境，提高信息准确应用与表达，便于各方之间的信息传递与交流，提高工作效率，达成协同沟通（图 3-69）。

图 3-69　室内精装整体漫游

3）土方平衡模拟

坪山区人民医院迁址重建项目为打造山水式医院，在方案阶段就通过 BIM 模型模拟土方平衡，论证土方平衡填挖方案、项目主体与自然山体之间的交接关系，初步统计土方工程量。主要模拟了坡顶修缮、挡土坡开挖、东侧开挖至正负零、西侧场地平整、地下室开挖等动作。

在方案设计阶段进行现场踏勘，利用无人机航拍及点云三维成像技术形成模型数据，将影像资料通过软件处理达到模型原材料数据，接着把数据导入 Revit 软件之中生成原始地貌模型，再根据设计图纸在原自然地坪模型的基础上绘制基坑开挖模型。

利用 BIM 技术实现在模型中的"现场施工"模拟，根据施工模拟情况分析场地平整、建筑开挖和场地回填等各阶段的现场土方开挖、回填、堆放情况，使用 Civil 3D 进行土方估算，生成土方调配图表，用于分析挖填距离、要移动的土方数量及移动方向，确定合理的取土坑、堆土场，避免取存土冲突，减少重复开挖和回填（图 3-70）。

坪山区人民医院迁址重建项目土方平衡模拟：

通过原始场地与开挖后场地模型进行对比，初步确定土方开挖顺序，堆土场地。

土方工程量估算，根据实际地形数据和设计参数将模型建立完成后，按照等高线的分布情况，计算每个区域和整体项目的开挖与回填工程量。

根据土方量统计结果确定土方挖填区域，计算挖填数量。

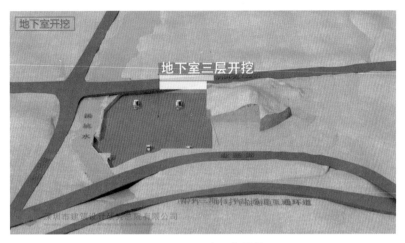

图 3-70　土方平衡模拟

3.5.5　BIM 在初步设计阶段的应用

（1）建筑与结构模型深化

初步设计阶段，对建筑及结构的大体方案已经基本确定，基于确定的方案图纸，需要对建筑与结构模型进行深化，旨在提高模型的建模精度，为初步设计阶段的应用模拟提供模型基础，为工程向施工图设计阶段推进提供支撑。

深化后的土建模型应满足 LOD200 深度标准要求，模型必须在几何上表述准确，能够反映实际外形，保证不会在流线分析和管线规划中产生错误判断，构件应包含几何尺寸、材质、产品信息等。模型包含的信息量与初步设计完成时的 CAD 图纸上的信息量应保持一致并导出相应的图纸。

（2）机电模型搭建

根据设计资料创建机电各专业 BIM 模型。BIM 模型需全面反映工程设计及其相关内容，包括：消防、给水排水、暖通、强电、弱电、医疗气体、物流轨道等其他必要附属设施、区域基础设施（图 3-71 ~ 图 3-74）。

根据设计进展及同设计单位协调的结果，对已创建的 BIM 模型及时进行更新和修正，确保 BIM 模型与每一阶段的设计成果都保持同步，且不存在专业冲突，直至施工图交付。

（3）医患流线分析（二级医疗工艺流程辅助分析）

确定各医疗功能单元建设等级及规模、建立单元或部门内部功能设施和系统之间相互关系的设计，被定义为单元部门医疗工艺设计，其工艺流程为二级流程。

在二级流程的设计中，细化至每一层每个医疗部门的活动区域和流线，利用 BIM 模型的信息化、三维化特性协调他们之间的面积、形态和医疗关系（图 3-75、图 3-76）。

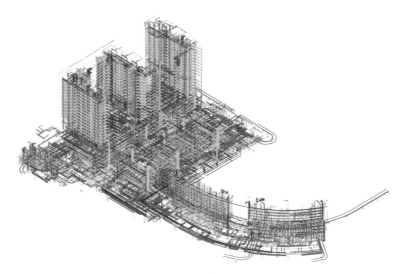

图 3-71　机电 BIM 模型

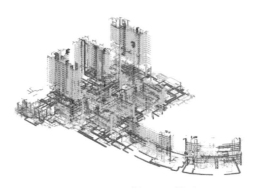

图 3-72　暖通 BIM 模型

图 3-73　给水排水 BIM 模型

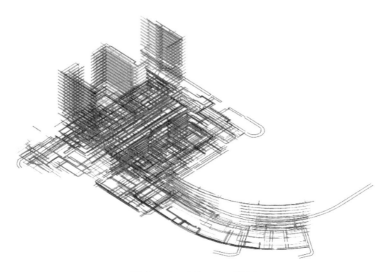

图 3-74　电气 BIM 模型

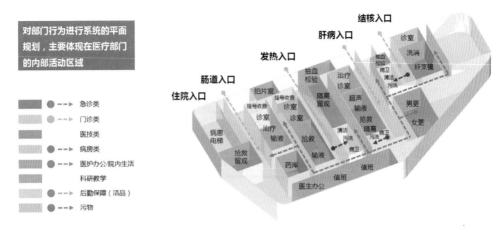

图 3-75　二级医疗流程分析

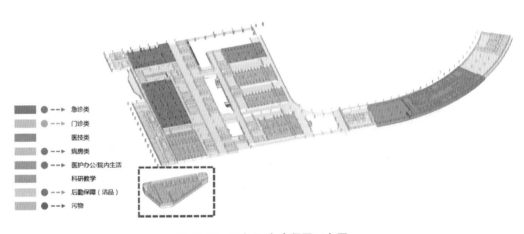

图 3-76　二级医疗流程平面布置

　　同时，为了明确医疗流线的合理性，通过 BIM 模型进行室内模拟，对患者动线、医护动线及病房的样板间进行了模拟，确保患者就医、医生诊治的快速便捷（图 3-77、图 3-78）。

　　（4）机电管线规划与初步净高控制

　　与普通建筑相比，医疗建筑的管线系统较为复杂。繁杂的管线系统为设计和施工带来了挑战和困难。因此用 BIM 技术去梳理管线系统，进行管线调整尤为重要。在初步设计阶段介入，通过 BIM 可视化手段，把整体管线进行一个整体的梳理和规划，优化管线的排布和路由，为下一阶段的施工图工作形成基础（图 3-79、图 3-80）。

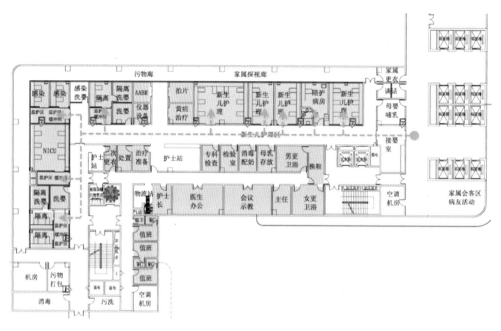

图 3-77　二级医疗流程动线分析（患者动线）

—3F招工体检区—

图 3-78　二级医疗流程动画模拟

图 3-79　BIM 技术在机电工程中的应用

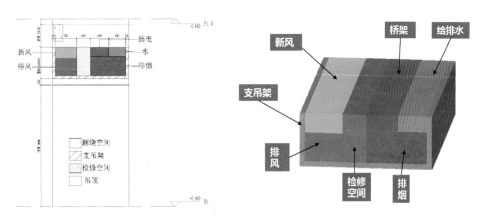

图3-80　机电管线空间规划分区图

3.5.6　BIM在施工图设计阶段的应用

施工图设计阶段是建筑项目设计的重要阶段，施工图是联系项目设计和施工的桥梁。本阶段主要通过施工图图纸，表达建筑项目的设计意图和设计结果，并作为项目现场施工制作的依据。

施工图设计阶段的BIM应用是各专业模型搭建并进行优化设计的复杂过程。各专业信息模型包括建筑、结构、给水排水、暖通、电气等专业。在此基础上，根据专业设计、施工等知识框架体系，进行冲突检测、三维管线综合、竖向净空优化等基本应用，完成对施工图设计的多次优化。针对某些会影响净高要求的重点部位，进行具体分析，优化机电系统空间走向排布和净空高度。

（1）全专业模型调整

施工图设计阶段，由于房间功能布局的进一步明确、机电设备的空间需求进一步确定等种种原因，相比初步设计阶段的各专业模型需要进一步提高模型精度，并作相应的调整。在此阶段需要对模型及时更新并检查，旨在通过BIM模型冲突检测，检查出不易发现的问题进行优化或者纠正，提高图纸质量，为后续施工图的绘制提供参考与支撑。

调整后的全专业模型应满足LOD300深度标准要求，模型必须在几何上表述准确，能够反映实际外形，保证不会在施工模拟和碰撞检查中产生错误判断，构件应包含几何尺寸、材质、产品信息等。模型包含的信息量与施工图设计完成时CAD图纸上的信息量应保持一致，并导出相应的图纸。

（2）设计校核与优化

通过完善BIM模型查找出施工图图纸错漏碰缺等问题，同时与设计师沟通，并提出解决方案，提前解决问题减少设计变更。

　　根据过往项目经验梳理问题检查子项，分别为土建问题专项、暖通问题专项、给水排水问题专项，并通过这些专项来进行 BIM 模型细节审查，并提交报告，来完成校核与优化（图 3-81、图 3-82）。

　　除解决管线间以及管线与结构之间的物理碰撞问题，通过碰撞检查的分析模拟还可发现由于不满足安装、维修的操作空间或其他净高要求而引起的碰撞问题。

　　碰撞检查可主要集中在以下方面：

1）对建筑、结构专业进行分析检查；

2）对机电、建筑专业进行分析检查；

3）对机电、结构专业进行分析检查；

4）对水、暖、电专业进行分析检查；

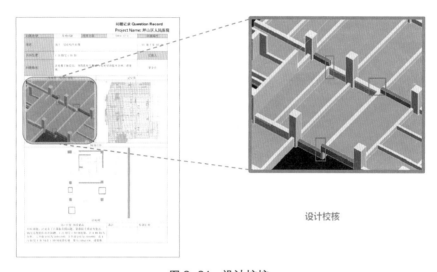

图 3-81　设计校核

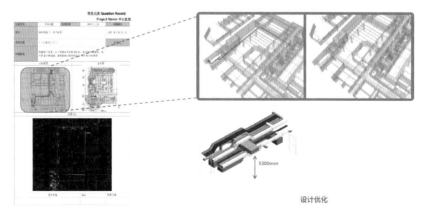

图 3-82　设计优化

（3）净高分析

净高分析是指通过优化地上部分的土建、动力、空调、热力、给水、排水、弱电、强电和消防等综合管线，在无碰撞的情况下，通过计算机自动获取各功能分区内的最不利管线排布，绘制各区域机电安装净空区域图，以帮助建设方确定各功能区的使用功能是否满足，并为后期的施工及装修提供技术依据。

以最初设定的功能区域的最低净空标准要求为依据，BIM 模型通过计算机仿真模拟，合理优化管线布置，配合施工安装标准，以达到各区在不改变结构和系统情况下的最大管线安装高度。

基于 BIM 模型的竖向净空优化具体操作流程如下：

1）收集数据，并确保数据的准确性。

2）确定需要净空优化的关键部位，如走道、机房、车道上空等。

3）在不发生碰撞的基础上，利用 BIM 软件等手段，调整各专业的管线排布模型，最大化提升净空高度。

4）审查调整后的各专业模型，确保模型准确。

将调整后的建筑信息模型以及相应深化后的 CAD 文件，提交给建设单位确认。其中，对二维施工图难以直观表达的结构、构件、系统等提供三维透视和轴测图等三维施工图形式辅助表达，为后续深化设计、施工交底提供依据（图 3-83）。

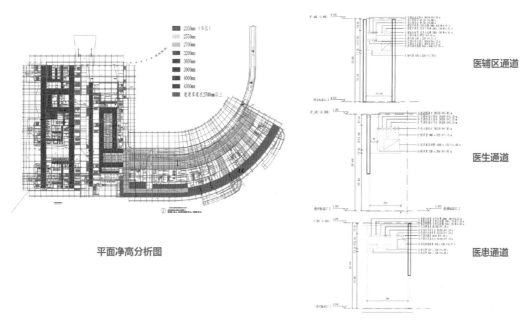

图 3-83　地上区域净高分析

地下室管线密集且复杂，容易导致净高达不到最低要求。通过 BIM 可以清晰知道每个车道、车位等位置具体净高，如果发现净高不满足要求，可即时做出修改，以真实的车辆高度与管线安装情况进行对比，测试所在位置净高时候满足要求（图 3-84）。

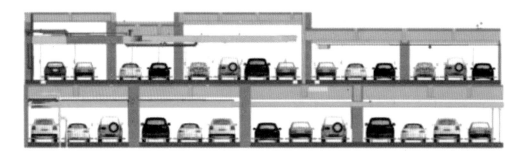

图 3-84　地下室净高分析

（4）机电管线综合

管线综合部分延续初步设计阶段，在主要管线规划完成的基础上，通过模型搭建、空间分析、管道梳理、排布优化、剖面出图、三维出图来进行管线综合和最终成果输出，以确保满足设计功能需求和施工安装要求。

由于传统的管线综合存在先天的局限性，不能完全保证其管线布局的合理性。采用 BIM 技术可以大幅度提高管线综合效率。利用做好的 BIM 模型，对其进行碰撞检查，可直观发现管线综合中的问题，及时调整，从而减少设计错误及施工中不必要的返工，提高设备的安装的成功率，达到工程对标高及施工质量的高要求。

管综实施流程：

1）首先确定总体排布方案及调整原则，确定初步的管线标高及间距；

2）整合各专业模型并进行区分与检查，以保证各专业模型的准确性；

3）选取碰撞软件如：Navisworks、BIM 审图等，进行碰撞检测并出具碰撞报告，碰撞检测应按照下列原则有条理地进行；

4）分项检查：设计人员应分阶段、分区域、分系统进行碰撞检查，并随时调整模型中的碰撞构件，保存完整真实的碰撞报告，以备存档和审核；

5）碰撞次序：应将机电与结构专业先进行碰撞检查，调整至无碰撞后，机电专业再进行两两碰撞检查，最后统一协调各种情况，直至调整至无碰撞（图 3-85、图 3-86）。

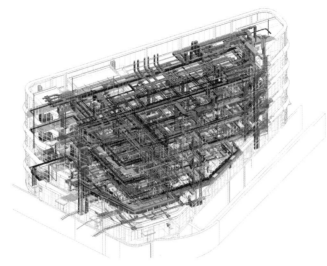

图 3-85　机电施工图管线综合

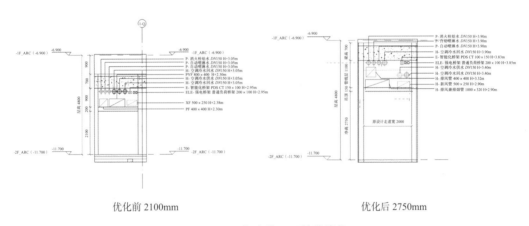

优化前 2100mm　　　　　　　　　　　优化后 2750mm

图 3-86　机电施工图管线优化

（5）基于 BIM 的工程量统计

采用 BIM 技术，不但能直观、生动地展示方案布置情况，而且还能精确计算房间的使用面积及各构件工程用量。医院建筑面积及构件工程量统计主要利用建筑模型，提取房间面积信息，精确统计各项常用面积指标及各项构件工程量，以辅助进行技术指标测算及项目概、预算的统计。通过 BIM 模型不但能够统计建筑面积，而且还能根据需要统计各个房间的使用面积。这就为业主根据建筑实际，优化配置各房间的使用功能，给房间分配带来准确的参考依据。

传统工程量计算方法存在工作量大，有一定的误差缺点。基于 BIM 模型进行快速准确地汇总工程量。在项目推进中，只需修改模型，就能实时更新出对应的工程量，使算量过程简化，减少重复建模的工作（图 3-87）。

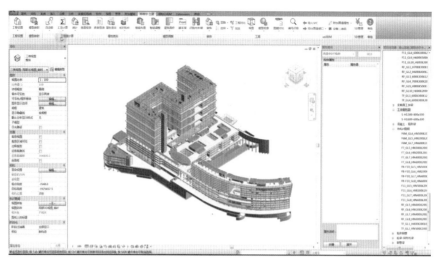

图 3-87　BIM 计量软件模型

项目算量软件共用一个模型，同时用于工程设计、施工管理、成本控制、进度控制等多个环节，有效地避免了重复建模，实现了“一模多用”，从而消除了多种软件之间模型转换和互导导致的数据不一致问题，节约了传统算量软件重复建模的时间，大幅提高了工作效率及工程量计算的精度（图 3-88）。

构件实物工程量明细表

工程名称:坪山区人民医院项目　　　　第1页　共296页

序号	项目名称 构件编号　楼层	单位	工程量	计算表达式	构件数量	位置信息
室内						
	独基(独基体积)	m3	26496.26	砼强度等级:C25 P6;	512	
1	底部放坡多阶承台-CT-12-3200x3200 [基础层]		2.83	2.827(体积)+0(体积指定) = 2.83	1	1-10:1-AD
2	底部放坡多阶承台-FB1500-13200x7400 [基础层]		636.48	212.163(体积)+0(体积指定) = 212.16	3	1-17:1-U
3	底部放坡多阶承台-FB1500-13200x8600 [基础层]		247.83	247.827(体积)+0(体积指定) = 247.83	1	1-17:1-AN
4	底部放坡多阶承台-FB1500-13600x12900 [基础层]		387.24	387.235(体积)+0(体积指定) = 387.24	1	1-20:1-AB
5	底部放坡多阶承台-FB1500-13600x7400 [基础层]		218.72	218.715(体积)+0(体积指定) = 218.72	1	1-16:1-T
6	底部放坡多阶承台-FB1700-14350x3600 [基础层]		198.36	198.355(体积)+0(体积指定) = 198.36	1	1-20:1-BJ
7	底部放坡多阶承台-FB2000-13400x8400 [基础层]		317.21	317.213(体积)+0(体积指定) = 317.21	1	1-10:1-AH
8	底部放坡多阶承台-FB2000-9200x7430 [基础层]		172.50	172.498(体积)+0(体积指定) = 172.5	1	1-9:1-BM
9	底部放坡多阶承台-FB2000-9712x6710 [基础层]		180.41	180.414(体积)+0(体积指定) = 180.41	1	1-11:1-BM
10	底部放坡多阶承台-FB2000-9972x5195 [基础层]		259.04	129.52(体积)+0(体积指定) = 129.52	2	1-9:1-AQ
11	底部放坡多阶承台-FB2400-17400x13130 [基础层]		865.06	865.057(体积)+0(体积指定) = 865.06	1	1-10:1-E
12	底部放坡多阶承台-FB2400-18050x15350 [基础层]		909.96	909.963(体积)+0(体积指定) = 909.96	1	1-10:1-AU
13	底部放坡多阶承台-FB2400-19850x14000 [基础层]		1824.68	912.343(体积)+0(体积指定) = 912.34	2	1-7:1-M
14	底部放坡多阶承台-FB2400-21900x15550 [基础层]		1113.04	1113.036(体积)+0(体积指定) = 1113.04	1	1-10:1-BC
15	底部放坡多阶承台-FB2400-9100x15550 [基础层]		457.80	457.8(体积)+0(体积指定) = 457.8	1	1-10:1-S
16	底部放坡多阶承台-FB2800-15100x11100 [基础层]		656.27	656.269(体积)+0(体积指定) = 656.27	1	1-2:1-AB
17	底部放坡多阶承台-FB2800-19700x15550 [基础层]		1168.14	1168.142(体积)+0(体积指定) = 1168.14	1	1-2:1-BP
18	底部放坡多阶承台-FB2800-24500x15100 [基础层]		1479.83	1479.833(体积)+0(体积指定) = 1479.83	1	1-2:1-T
19	底部放坡多阶承台-ZD-01-4400x4400 [基础层]		915.42	24.091(体积)+0(体积指定) = 24.09	38	1-21:1-X
20	底部放坡多阶承台-ZD-01-4400x4400 [基础层]		16.10	24.091(体积)-7.987(独基)+0(体积指定) = 16.1	1	1-13:1-AW

实物工程量汇总表

工程名称:坪山区人民医院项目　　　　第1页　共2页

序号	构件名称	项目名称	项目特征	单位	工程量
室内					
1	独基	独基体积	砼强度等级:C25 P6;	m3	26576.38
2	筏板	筏板体积	砼强度等级:C25 P6;	m3	13993.14
3	坑基	坑基内模板面积		m2	10.50
4	坑基	坑基外模板面积		m2	14.62
5	坑基	基础底找平		m2	4.56
6	坑基	坑基体积	砼强度等级:C25 P6;	m3	3.48
7	柱	柱体积	砼强度等级:C30;	m3	4773.03
8	梁	梁体积	砼强度等级:C25;	m3	6636.13
9	砌体墙	内墙钢丝网面积		m2	1819.15
10	砌体墙	砌体墙体积	厚度:0.15m;砂浆材料:M5水泥石灰砂浆;砌体材料:加气砼砌块;平面形状:直形;	m3	17.11
11	砌体墙	砌体墙体积	厚度:0.1m;砂浆材料:M5水泥石灰砂浆;砌体材料:加气砼砌块;平面形状:直形;	m3	0.65
12	砌体墙	砌体墙体积	厚度:0.24m;砂浆材料:M5水泥石灰砂浆;砌体材料:加气砼砌块;平面形状:直形;	m3	477.16
13	砌体墙	砌体墙体积	厚度:0.25m;砂浆材料:M5水泥石灰砂浆;砌体材料:加气砼砌块;平面形状:直形;	m3	74.93
14	砌体墙	砌体墙体积	厚度:0.2m;砂浆材料:M5水泥石灰砂浆;砌体材料:加气砼砌块;平面形状:直形;	m3	5943.92
15	砌体墙	砌体墙体积	厚度:0.35m;砂浆材料:M5水泥石灰砂浆;砌体材料:加气砼砌块;平面形状:直形;	m3	7.60
16	砌体墙	砌体墙体积	厚度:0.3m;砂浆材料:M5水泥石灰砂浆;砌体材料:加气砼砌块;平面形状:直形;	m3	338.72
17	砼墙	墙体积	砼强度等级:C30;	m3	14195.48
18	门	门框周长	名称:HW-单扇平开门;框料截面:<=54cm2;	m	2080.20
19	门	门框周长	名称:HW-双扇平开门;框料截面:<=54cm2;	m	2629.40
20	门	门框周长	名称:双扇活门槛密闭门;框料截面:<=54cm2;	m	800.80
21	门	门框周长	名称:子母门;框料截面:<=54cm2;	m	42.00
22	门	门框周长	名称:推拉门-单扇;框料截面:<=54cm2;	m	36.00
23	门	门框周长	材料类型:不锈钢_门_银色;名称:防火卷帘门;框料截面:<=54cm2;	m	1388.40
24	门	门框周长	材料类型:金属-钢-深灰色混凝土;名称:单扇人防门-带门槛 (1);框料截面:<=54cm2;	m	1069.14
25	门	门框周长	材料类型:金属-铝-白色玻璃_幕墙_蓝色金属-铝-白色(把手);名称:门嵌板_双开门;框料截面:<=54cm2;	m	14.03
26	门	门框周长	材料类型:默认屋顶门框电梯门文字按键;名称:电梯门;框料截面:<=54cm2;	m	355.74
27	门	门框周长	材料类型:默认屋顶门框电梯门文字按键边;名称:电梯门;框料截面:<=54cm2;	m	483.60

图 3-88　基于 BIM 的工程量统计

第 4 章 Chapter 4
医疗建筑前期进度管理

4.1 综述

4.1.1 进度管理的概念

进度管理是指管理者采用科学的方法确定进度目标，付诸实施且在此过程中经常检查计划的实际执行情况，分析进度偏差原因并在此基础上不断调整、修改计划直至项目工作任务的完成；通过对进度影响因素实施控制及各种关系协调，综合运用各种可行方法、措施，在与质量、投资目标协调的基础上，将项目的计划工期控制在事先确定的目标工期范围之内，实现工期目标。

4.1.2 进度管理的内容

进度管理的主要内容包括对影响建设项目工程进度的各种因素进行调查分析，做到进度计划的编制、进度计划的执行与监督、进度预警、进度计划的调整，以确保各阶段工作始终按计划进行，最终实现项目总进度目标。

4.1.3 进度管理的目的

进度管理的目的就是为了实现最优工期，多快好省地完成任务。根据项目的进度目标，编制经济合理的进度计划，并据以检查项目进度计划的执行情况，若发现实际执行情况与计划进度不一致，就及时分析原因，并采取必要的措施对原进度计划进行调整或修正的过程。

4.2 关键措施

4.2.1 分析进度制约因素

医院项目建设是一项系统性非常强的工程，很多时候，制约进度的关键工序一般需要多个参建单位的紧密协作才能完成，并非取决于某一个环节、某一家单位，在项目建设过程，导致进度控制失控的风险因素很多，如不能及时分析，及时防范，极易导致进度失控。为此，应围绕项目结构分析，针对性编制各阶段、各专业在进度控制上存在的风险因素及应对策略，制定风险预案，落实风险控制。

主要的进度控制风险因素主要体现在以下方面，包括来自建设单位、勘察单位、设计单位等各参建方不同阶段不同方面的风险。在管理过程中，应预见性地对潜在的风险进行分析，针对风险产生的不同原因，采取有效的跟踪措施（表4-1）。

进度风险分析 表 4-1

参建单位	施工进度风险	项目管理对策
全过程咨询管理单位	前期手续拖延	· 熟悉当地的前期手续办理程序,明确办理人员,制定前期手续办理计划,严格检查执行情况,及时协调解决办理中出现的程序性、技术性问题
	招标采购滞后	· 根据总控计划,合理编制招标采购计划,严格落实,并及时根据总进度计划进行调整。 · 招标前准备工作充分,对市场预先熟悉,招标文件设定合理的评标体系,避免流标、投诉等影响进度的情况
	合同履行纠纷	· 预先考虑合同中对不均衡报价的制约、界面的划分、奖惩措施等,避免后期纠纷无理无据可依。 · 过程中保存原始记录,注重留存履约证据。 · 对纠纷积极协调,避免扩大化
设计单位	设计人员投入不足,设计出图进度滞后,影响现场进度	· 加强督促和检查,配合建设单位落实设计出图计划。 · 尽可能提前落实深化设计单位,尽早介入施工图设计,并为后续材料设备的备料、加工、进场预留充足的时间
	设计成果质量达不到规定深度要求	· 加强图纸审核,重视图纸交底及图纸会审,争取将图纸中的问题提前解决,避免影响现场施工
	设计文件质量不高	· 通过 BIM 技术,进行碰撞检查,避免各专业间的冲突,减少返工
	工艺设计滞后,工艺设备采购滞后	· 工艺设计单位尽早介入,避免主体设计甚至现场施工完成部位发生变更、拆改
	设计现场配合不畅	· 围绕现场施工需要,针对设计变更、工程变更等简化流程。 · 落实设计人员驻场服务,保障现场需要
	技术标准更新造成原设计标准发生变化的风险	· 预先了解相应技术标准修订情况,熟悉征求意见稿,对关键的设计参数预留一定的空间。 · 一旦发生,尽快熟悉新标准,向主管部门了解验收要求,在保证进度质量的前提下,尽快修订
	BIM 模型跟不上设计及现场施工进度	· 对模型深度不够的情况,应预先制定建模标准,对建模人员进行交底,审核其资质。 · 对建模速度跟不上的情况,应加强建模人员配置,要求有类似经验的熟练团队
建设单位	建设单位决策周期长	· 协助建设单位明确各项管理工作流程,促进各级管理的工作效率,责权明确。 · 通过局域网、QQ 群、微信群等信息化手段,保证信息共享,思路一致
	设计需求发生变化	· 前期与建设单位、医院使用单位充分沟通,协助建设单位梳理建设意图,了解建设需求,给出专业咨询意见
	频繁工程变更	· 项目部进场后组织各方图纸会审,避免图纸问题导致的后期设计变更。 · 尽可能组织后期使用单位或部门参与建设过程,避免供非所求

4.2.2 寻找可并行推进进度因素

并行推进指的是通过对前期进度计划中各项工作的开展条件及开始时间的分析,打破固定的前后工作关系,将后续工作的介入时间提前,或通过其他途径、方法将原前后工作逻辑关系变成并联开展。通过寻找可并行推进进度因素在保证按时完成项目既定的进度计划目标的前提下，寻求加快前期工作推进的因素，最终争取项目前期进度目标提前完成。如在开展设计招标工作时，可先行开展详细勘察、勘察审查、施工图设计、施工图审查、水土保持设计地等招标准备工作；在方案设计工作基本稳定后，提前开展初步设计阶段的准备工作，如电气、给水排水、暖通的方案论证，各专业设计工作设计基础资料的收集及整理。

4.2.3　优化进度

在项目前期进度计划中，关键线路项目前期进度的重要影响因素，从某种程度上来说管理好关键线路，对缩短工期有很好的效果。但是如果硬性、一味地采取压缩关键工作的持续时间来把控工程进度，对工程质量可能造成负面影响。所以，一般可以采用调整工作的组织措施来实现进度计划的时间优化。第一，将顺序工作调整为搭接作业。前后工作的搭接程度高，也会缩短计划工期。第二，合理安排各项工作的开始时间。将非关键工作的开始时间适当提前，在任务少的时间段开展，从而能调动更多的人力、物力充分利用到关键工作上，保障了进度计划目标的实现，同时也为压缩下阶段关键工作持续时间提供了可能。

4.2.4　进度预警机制

（1）审批进度滞后

在项目审批环节，应督促设计等相关服务单位积极与审批部门沟通解释，及时解决技术层面的问题。如审批时限超出规定时限，应及时分析原因，报告责任领导，寻求解决办法。

（2）设计等工作进度滞后

指定专人对季度计划滞后的项目进行预警信号登记。前期工作负责人应分析季度计划滞后的原因，报告责任领导。如因项目设计等服务单位的原因造成，由约谈相关单位法人代表及项目负责人，在约谈后7天内若无明显改进，应对相关单位提出处罚意见，并报责任部门审批。

（3）进度预警按其严重程度分为黄色预警、橙色预警、红色预警三种。

1）出现下列情况之一时，启动黄色预警：

①参建单位进度管理混乱，实际进度滞后计划进度；

②实际进度滞后达到7天以上。

启动黄色预警后，约谈项目负责人。

2）出现下列情况之一时，启动橙色预警：

①启动黄色预警 7 天后仍无明显改进；

②实际进度滞后达到 14 天以上。

启动橙色预警后，向相关单位发函，约谈相关单位公司领导及项目负责人。

3）出现下列情况之一时，启动红色预警：

①启动橙色预警 7 天后仍无明显改进；

②实际进度滞后达到 21 天以上。

启动红色预警后，约谈相关单位法人代表及项目负责人。在约谈后 7 天内若无明显改进，根据合同对相关单位提出相关意见，并报审批。

4.2.5　探索新进度控制模式

（1）全过程咨询管理

借助全过程管理咨询单位力量，全面梳理项目现状，制定科学有效的项目管理策划方案，以确保项目前期管理工作有序推进。

（2）设计施工一体化管理

通过 EPC 管理模式，通过设计与施工过程的组织集成，促使设计与施工的紧密结合，可以克服由于设计与施工的分离致使投资增加以及设计和施工的不协调而影响建设进度等弊病。

（3）建筑师负责制

借助建筑师及其团队在前期咨询、设计服务、专业协同、工程造价和质量控制等方面的技术优势，加快项目工作推进（如主导项目工程招标技术文件、主要建筑材料选取等重大事项的决策，打破了固有的决策机制，简化了流程）。

（4）快速开工模式

在工期紧张、项目进度不能满足既定开工进度目标时，在设计条件允许的前提下，通过多项前期工作并行，积极争取项目（部分工程）提前开工（如桩基础提前开工）。

4.3　项目前期阶段进度管理要点

4.3.1　前期进度计划的编制

（1）前期设计进度计划的分类

前期设计按工作内容划分可分为：设计总控制计划、阶段性设计进度计划。

设计总控制计划主要用来安排自设计准备开始至施工图设计完成的总设计时间内所包含的各阶段工作的开始时间和完成时间，从而确保设计进度控制总目标的实现。

阶段性设计进度计划包括：方案设计工作进度计划、初步设计（技术设计）工作进度计划、概算编制工作进度计划、施工图设计工作进度计划和 BIM 设计工作进度计划。这些计划是用来控制各阶段的设计进度，从而实现阶段性设计进度目标。在编制阶段性设计进度计划时，必须考虑设计总控制计划对各个设计阶段的时间要求。

（2）前期进度计划编制要点

项目前期阶段包括可研编制阶段、方案设计阶段、初步设计阶段、概算编制阶段、施工图阶段。

前期工作应包括前期策划、工程设计、项目报建、前期招标等工作。

设计总进度计划是前期进度计划的核心，其他各项计划均围绕设计总进度计划编制，故编制时应先确定设计各阶段进度里程碑节点，再围绕设计各阶段里程碑节点完成项目报建、招标等计划。

项目总控计划重在明确各项管理工作的里程碑节点，达到足够的深度，避免因工作内容考虑不全面、工作之间相互的逻辑关系考虑不周导致整个计划的失败。

前期进度计划确定后，分解编制设计总进度计划、阶段性设计进度计划、设计作业进度计划、招标进度计划、报批报建计划、年度进度计划、月度计划，在实施阶段，应围绕分解计划不断细化和优化各项具体工作计划，用以控制具体工作。

进度计划编制可采用 Project、Primavera6.0（P6）、梦龙等软件进行，方便过程中动态调整，计划可以采用网络图或横道图表达。

（3）前期进度计划编制方法

进度计划编制主要方法有横道图，横道图是一种最简单、运用最广泛的传统的进度计划方法，这种表达方式较直观，易看懂计划编制的意图。

（4）前期进度计划编制一般步骤

1）调查研究的目的是掌握足够充分、准确的资料，从而为确定合理的进度目标、编制科学的进度计划提供可靠依据。

①调查研究的内容包括：

a. 了解和收集项目决策阶段有关项目进度目标确定的情况和资料。

b. 收集与进度有关的该项目组织、管理、经济和技术资料。

c. 收集类似项目的进度资料。

d. 了解和调查项目实施的主客观条件等。

e. 有关标准、定额、规程、制度。

f. 有关统计资料、经验总结及历史资料等。

②调查研究的方法有：

a. 实际观察、测算、询问。

b. 会议调查。

c. 资料检索。

d. 分析预测等。

2）确定项目前期进度目标。项目前期进度目标的确定应以建筑设计周期定额为依据，同时充分考虑类似工程实际进展情况、工程难易程度和建设条件的落实情况等因素。建设工程设计必须以建筑设计周期定额为最高时限。

3）明确管理工作任务，确定里程碑节点。围绕项目前期管理工作任务（设计管理、招标管理、报批报建管理）分解并确定进入计划的工作任务内容、开始时间和结束时间，里程碑节点设定除考虑完成任务的既定时间需要外，尚需结合建设单位及项目主管部门的要求等综合考虑。

4）围绕里程碑节点，落实管理任务排序。项目建设过程中，各项工作任务之间基于工序要求、法定建设程序要求等因素，决定了工作任务之间有既定的逻辑顺序和先后关系，里程碑节点是对应该节点之前的各项工作任务按时完成的产物，应围绕工序、法定程序、项目其他各项约束条件及要求等保证管理任务排序合理。

5）确定完成每项管理任务需要的工期。确定完成每项管理任务需要的工期是计划中的核心部分，它实质上决定了实施该项任务时各项资源的投入要求及实施该项任务所需的成本，应针对管理任务进行足够的了解，结合工期定额、项目特点、类似项目进度资料等综合考虑后确定。

6）整合计划、组织评审并最终确定项目前期工作计划。在完成里程碑节点、管理工作任务内容及任务完成时间后，即可根据任务的先后顺序及相互逻辑关系的要求，整合汇编成项目前期工作计划。编制完成的项目前期工作计划后组织内部评审，并按评审意见完善并最终确定。

4.3.2　进度计划的执行与控制

在进度管理中，制定出一个科学、合理的进度计划，只是为进度的科学管理提供了可靠的前提和依据，但并不等于进度的管理就不再存在问题。在项目推进过程中，由于外部环境和条件的变化，往往会造成实际进度与计划进度发生偏差，如不能及时发现这些偏差并加以纠正，进度管理目标的实现就一定会受到影响。所以，必须实行进度计划控制。

进度计划控制的方法是以进度计划为依据，通过编制月、周进度计划，在实施过程中对每月、每周工作实施情况不断进行跟踪检查，收集有关实际进度的信息，比较和分析实际进度与计划进度的偏差，找出偏差产生的原因和解决办法，确定调整措施，对原进度计划进行修改后再予以实施。随后继续检查、分析、修正；再检查、分析、修正……直至项目最终完成。

在进度执行和控制过程中，要对进度进行跟踪，进度其实有两种不同的表示方法：一种是纯粹的时间表示，对照计划中的时间进度来检查是否在规定的时间内完成了计划的任务；另一种是以工作量来表示的，在计划中对整个工作内容预先做出估算，在跟踪实际进度时看实际的工作量完成情况，而不是单纯看时间，即使某些项目活动有拖延，但如果实际完成的工作量不少于计划的工作量，那么也认为是正常的。在进度管理中，往往这两种方法是配合使用的，同时跟踪时间进度和工作量进度这两项指标，所以才有了"时间过半、任务过半"的说法。在掌握了实际进度及其与计划进度的偏差情况后，就可以对项目将来的实际完成时间做出预测。

4.3.3　进度计划的检查与调整

（1）进度计划的检查

在前期工作过程中，根据关键控制点检查实际进度，并与计划进度进行比较，以确定实际进度是否出现偏差。

当实际进度与计划进度相比出现滞后时，分析产生偏差的原因，如设计等技术服务进度滞后，督促相关单位采取切实可行的措施消除偏差。如审批环节出现问题，需与审批部门沟通解释，并及时应向部门领导及分管领导汇报。

加强内外协调工作，提前预见、及时解决项目前期工作过程中遇到的困难和问题，确保项目前期工作顺利推进。

（2）进度计划的调整

在计划执行过程中，由于组织、管理、经济、技术、资源、环境和自然条件等因素的影响，往往会造成实际进度与计划进度产生偏差，如果偏差不能及时纠正，必将影响进度目标的实现。

进度计划调整的方法：

1）合理调整关键工作的持续时间；

2）调整逻辑关系；

3）调整资源的投入。

第5章 Chapter 5
医疗建筑前期报批报建管理

5.1 综述

报批报建是项目建设一项系统性、环环相扣的关键性工作内容。它是基本建设程序很重要的环节，对内，它与项目建设本身的设计管理、招标管理、投资管理、工程管理密切相关；对外，存在涉及面广、应对职能部门多、工作烦琐、地域性明显等显著特点。工程报批报建项目工作能否按计划顺利进行，工作能否保质保量完成，是我们项目能否如期开工的前提。如果项目管理人员缺乏经验、业务不熟悉，实际报批报建工作过程中，往往会出现漏报及未及时报验的事件发生，以至于影响整个项目建设工期。

为深入贯彻党的十九大精神，按照习近平总书记倡导的不断增强吸引力、创造力、竞争力的要求，把制度创新作为主攻方向，在"放管服"改革上下更大功夫，对标国际最高标准、最好水平的营商环境，国务院办公厅下发了《关于开展工程建设项目审批制度改革试点的通知》（国办发〔2018〕33号），进一步加快行政审批制度的改革，改进管理方式，优化审批程序，提高行政效率，从多个方面和层次进行了改革创新，分类优化了审批、创新了新的审批制度、重塑了审批流程、完善了配套措施。比如，全面取消房屋建筑和市政项目施工图审查制度，办理各项行政许可不再以施工图审查合格文件作为前置条件，大大地提升了建设项目的审批效率。

5.2 报批报建工作重点难点分析

1）鉴于一个项目报批报建事项众多，报建工作需分开进行，同时各专业的设计进度无法完全一致，显现报批报建管理工作量非常大。

2）项目设计周期较短，报批报建工作进度与设计进度相辅相成，需要明确制定周密的报建工作计划，并与设计进度总控计划相互支持。

3）需要充分熟悉深圳市政府投资项目报建流程规定，需要明确报批报建工作内在的逻辑关系，据此指导报建工作。

4）报批报建工作专业要求高，报建人员需要对政策法规、规划、消防、人防等均应十分熟悉，并具备相应的专业知识，才能保证报建过程中能与各级主管部门直接协调、沟通。

5）报批报建工作审查审批时间存在不确定性，关联单位较多，同时报建成果又与项目进展紧密关联，所以报建人员跟踪意识及责任心、主观能动性均要求较高。

6）报批报建过程中，各类报建成果文件需要设计院提供，各类手续文件、报告需要使用单位或建设单位配合出具，对报建人员的组织协调能力及考虑问题的前瞻性提出较高的要求。

7）报建工作事关基本建设程序是否合法合规，对项目建设推进进度的重要性不言而喻。

5.3 报批报建涉及的职能部门和审批事项

5.3.1 项目前期阶段行政审批主管部门（表5-1）

行政审批主管部门 表5-1

序号	单位名称	职能范围（部分）	建设关系
1	市发展改革委	项目首次前期经费下达、可行性研究报告审批、初步设计概算审批、固定资产投资项目节能审查	行政审批
2	市财政局	明确前期费用分配事宜	—
3	市住房建设局	建筑工程施工许可证核发、超限高层建筑工程抗震设防审批、建设工程施工图设计文件（勘察文件）审查情况备案	行政审批
4	市规划和自然资源局	出具选址意见书及用地预审意见和规划设计要点、建设工程规划许可证核发、海域使用权的审核、建设工程验线、审批	行政审批
5	市文化广电旅游体育局	文物保护单位建设控制地带内的建设工程设计方案审批	行政审批
6	市生态环境局	建设项目环境影响评价技术审查、建设项目环境影响评价文件审批	行政审批
7	市卫生健康委	新建、扩建、改建放射诊疗建设项目卫生审查（预评价审核）	行政审批
8	市水务局	洪水影响评价审批、建设项目用水节水评估报告备案、生产建设项目水土保持方案审批、迁移、移动城镇排水与污水处理设施方案审核	行政审批
9	市应急办	人防工程方案报建审查	行政审批
10	市城管和综合执法局	占用城市绿地、砍伐、迁移城市树木审批	行政审批
11	市交通运输局	占用、挖掘道路审批	行政审批
12	市气象局	防雷装置设计审核	行政审批
13	市安全监管局	危险化学品建设项目安全设施设计审查、危险化学品建设项目安全条件审查	行政审批

5.3.2 项目前期阶段公共服务审批部门（表5-2）

公共服务审批部门 表5-2

序号	单位名称	职能范围（部分）	建设关系
1	水务集团	建设项目用水报装、供排水管线迁移	公共服务
2	燃气公司	供气方案审核、气源接入点办理指引（含变更、补办）、地下燃气管道现状查询及燃气管道保护协议签订	公共服务
3	地铁公司	地铁安全保护区工程设计方案对地铁安全影响及防范措施可行性审查、地铁建设规划控制区内工程设计方案对地铁安全影响及防范措施可行性审查	公共服务
4	国家电网	用电报装、用电变更	公共服务
5	通建办	光纤到户通信设施报装	公共服务

5.4 项目前期各阶段的报批报建工作事项划分

5.4.1 立项阶段

（1）必须办理事项

①项目首次前期经费下达；

②出具选址意见书及用地预审意见和规划设计要点。

（2）可能涉及办理的事项

①地铁安全保护区内工程勘察作业对地铁结构安全影响及防范措施可行性审查；

②建设项目使用林地审核审批（含临时占用林地审核审批）；

③海洋工程建设项目海洋环境影响报告书审批；

④海域使用权的审核、审批；

⑤机场范围用地手续办理；

⑥河道范围用地手续办理；

⑦文物保护范围内用地手续办理；

⑧生态控制线范围内用地手续办理。

5.4.2 方案及可研申报阶段

（1）必须办理事项

①建设项目环境影响评价技术审查；

②建设项目环境影响评价文件审批；

③政府投资项目可行性研究报告审批；

④建设用地规划许可证核发；

⑤划拨土地决定书或签订土地使用权出让合同；

⑥建设工程规划许可证核发。

（2）可能涉及办理事项

①民航审批意见；

②固定资产投资项目节能审查；

③详细蓝图审批；

④人防工程方案报建审查；

⑤地铁安全保护区工程设计方案对地铁安全影响及防范措施可行性审查；

⑥市、区级文物保护单位建设控制地带内的建设工程设计方案审批；

⑦区级文物保护单位保护范围内进行其他建设工程审核；

⑧洪水影响评价审批；

⑨建筑物命名核准；

⑩出具开设路口审批；

⑪市政管线接口审批审查意见；

⑫气源接入点办理指引（含变更、补办）；

⑬临时用地审批；

⑭新建、扩建、改建放射诊疗建设项目卫生审查（预评价审核）；

⑮核技术应用项目环境影响评价审核。

5.4.3　初设及概算编制阶段

（1）必须办理事项

①生产建设项目水土保持方案审批；

②建设项目用水节水评估报告备案；

③建设工程方案设计招标备案；

④建设工程开工验线；

⑤政府投资项目初步设计概算审批；

⑥消防设计审核或备案抽查。

（2）可能涉及办理的事项

①超限高层建筑工程抗震设防审批；

②绿色建筑设计阶段评价标识；

③迁移、移动城镇排水与污水处理设施方案审核；

④占用城市绿地和砍伐、迁移城市树木审批。

5.4.4 施工图设计阶段

（1）必须办理事项

①绿色建筑设计认证申请；

②建筑工程施工许可证核发。

（2）可能涉及办理的事项

①建设工程施工图设计文件（勘察文件）审查情况备案；

②地铁安全保护区内工程施工作业对地铁结构安全影响及防范措施可行性审查；

③防雷装置设计审核；

④建筑工程装修消防设计审核或备案（施工图内含装修图，可不再重复申报）；

⑤光纤到户通信设施报装；

⑥供气方案审核。

5.5 常见的报批报建工作要点

5.5.1 出具选址意见书及用地预审意见和规划设计要点

对于房建类项目，自然资源部门及其派出机构提出初步选址方案并结合辖区政府及环境保护、水务、林业、国家安全、交通运输、轨道、文物、民航、机场、燃气、电力等主管部门出具的对于项目选址及用地的意见，确定项目用地并出具选址及用地预审意见，办理用地规划许可（或规划设计要点）。选址意见书、用地预审意见作为项目审批的用地证明文件。

5.5.2 建设用地（含临时用地）规划许可证核发

建设单位取得选址意见书、用地预审意见和用地规划许可证（规划设计要点），完成建设工程方案设计文件，即可办理建设工程规划许可证。取得规划设计要点尚未取得用地规划许可的应当在施工许可前取得用地规划许可。

若项目位于国家安全、轨道保护、文物保护范围内的，需取得主管部门的批准。

对于房建类项目，自然资源部门及其派出机构根据国家安全、轨道安全、文物保护等事项主管部门出具的建设工程方案设计审查意见，办理建设工程规划许可证。涉及大型建设项目的，自然资源部门及其派出机构可视需要征求交通运输部门意见。涉及国家、省事权的审批暂时无法办理建设工程规划许可证的，先出具建设工程规划审查意见，审查意见应满足初步设计需要。

5.5.3　划拨土地决定书或签订土地使用权出让合同

凡符合城市规划和土地利用总体规划、纳入城市建设与土地利用年度实施计划、不涉及土地整备及农转用问题的公共服务类建设项目，土地利用年度计划经市政府批准后，自然资源部门核发划拨土地决定书或签订土地使用权出让合同。

其他项目，自然资源部门在出具项目选址及用地预审意见书、核发用地规划许可证（出具规划设计要点）时，即启动项目报建工作。

5.5.4　可行性研究报告审批

可行性研究报告编制内容包括项目背景、可行性分析、技术工艺方案、选址与建设工程方案、节能节水措施、环境影响分析、招标与实施进度、投资估算、社会效益评价、综合结论等内容，根据有关定额测算项目估算总投资。

凡符合下列条件之一的建设项目，在项目可行性研究报告或项目资金申请报告中加入对项目能源利用情况、节能措施和能效水平分析等相关内容，发展改革部门不再另行进行节能审查：

1）抽水蓄能电站、水利、城市道路、公路、电网工程、输油管网、输气管网等项目；

2）年综合能源消费不满 1000t 标准煤，且年电力消费量不满 500 万 kW·h 的项目。

5.5.5　地铁运营安全保护区和建设规划控制区工程方案报审

在地铁运营安全保护区内进行下列作业的，除应急抢险外，作业单位应当委托专业机构对应急预案、勘察、设计、施工、监测方案进行地铁安全影响及防范措施可行性评估，根据评估意见进行修改并送地铁集团审查同意后，方可报行政管理部门予以规划、施工许可。在已铺轨完毕的建设规划控制区进行下列作业的，也应按本条规定进行地铁安全影响及防范措施可行性评估。作业包括但不限于下列内容：

1）新建、扩建、改建或者拆除建筑物、构筑物；

2）爆破和机械振动、挖掘、地基加固、钻探、打桩、顶进、打井、抽水施工；

3）大面积增加或减少载荷活动；

4）在过江（河）隧道段挖沙、疏浚河道；

5）架设、埋设管线，地下坑道穿越地铁设施；

6）移动、拆除和搬迁地铁设施；

7）对地铁出入口、风亭、冷却塔、变电站等设施设备进行围圈施工；

8）其他可能危害地铁设施安全与运营安全的行为。

地铁运营安全保护区指地铁运营线路及周边的特定范围内设置的保护区域，具体为：地下车站与隧道结构外边线外侧 50m 范围内；地面、高架车站及区间结构外边线外侧 30m 范围内；出入口、通风亭、变电站等建筑物、构筑物外边线外侧 10m 范围内。

5.5.6 建设工程规划许可证（建筑类）

该事项在报建过程中应注意以下问题：

（1）图纸要求

设计文件包括文本和技术图纸两部分，其中文本为 A3 图幅，装订成册，技术图纸为蓝图，折叠为 A4 规格；

设计文件一式两份；

与纸质文件一致的电子文件：文本格式为 PDF 格式，同时提供 CAD 图或 BIM 文件，三维仿真模型数据电子文件（提供 3DMAX 或 BIM 模型，小型项目可提供 Sketchup 模型）；

电子文件提供光盘（或 U 盘）2 份，加贴标签并进行包装，在光盘本身及包装袋（盒）上分别标注项目名称、建设单位、建设地点、方案日期、联系人及联系方式等。

（2）签章要求

文本扉页中标明：具备资质的设计单位名称、出图章和注册建筑师资格章；设计单位法定代表人、技术总负责人、项目总负责人及各专业负责人的姓名，并经上述人员签署或授权盖章；建设单位名称。

总平面图、建筑专业的平面图、立面图、剖面图及其他必要图纸（日照分析图、核增及核减建筑面积专篇图纸、绿化设计图等）需加设图签，图签上应标注图号，应由设计人签字，加盖注册建筑师章、出图章。

（3）设计文件的主要内容

1）封面

写明项目名称、编制单位、编制年月。

2）扉页

写明项目名称、建设单位名称、设计单位名称、设计单位法定代表人、技术总负责人、项目总负责人及各专业负责人的姓名，以及相应签章。

3）设计说明书

设计说明书应满足《建筑工程设计文件编制深度规定》有关方案设计阶段的要求，

主要包括设计依据和项目概况、总平面设计说明、建筑设计说明、结构设计说明、给水排水设计说明、建筑电气设计说明、供暖通风与空气调节设计说明等。

4）设计图纸

文本部分：建筑效果图（鸟瞰图、白天效果图、重点区域提供夜景效果图等）、总平面图、区位图、周边关系图（必要时）、功能分析图（根据需要绘制表示基本的功能分区）、分期建设图（必要时）、竖向设计分析图、交通分析图（各类交通流线及主要人流、货物运输等出入口的位置、地下车库及自行车库出入口位置等）、消防分析图、景观分析图（绿化范围、景观水体位置和范围、休闲场地设施位置及范围）、日照分析图（必要时）、公共服务设施分布图（必要时）等；

技术图纸部分：总平面图及建筑专业的各层平面图、各朝向立面图、各主要剖面图等。

5）设计专篇要求

主要包括核增及核减建筑面积专篇、竖向设计专篇、无障碍设计专篇、绿化设计专篇、绿色建筑专篇、海绵城市专篇、景观照明设计专篇（必要时）、装配式建筑专篇（必要时）等。

5.5.7　初步设计概算审批或备案

1）概算超批复可行性研究报告估算 20% 以内的，概算审批；

2）概算超批复可行性研究报告估算 20% 以上的，可行性研究报告修编并重新审批可行性研究报告；

3）经政府主管部门同意，调整功能定位、建设内容及规模、标准等的项目，免于可行性研究报告修编，直接审批项目概算。

填报须知：申报材料中的项目生成启动凭证依据文件是指能明确项目建设必要性的文件，如项目首次前期经费文件、市委常委会会议纪要、市政府常务会会议纪要以及列入经政府审议批准的国民经济和社会发展五年规划纲要、城市基础设施五年行动计划等规划的项目。

5.5.8　生产建设项目水土保持方案审批

水土保持方案分为《水土保持方案报告书》和《水土保持方案报告表》。

水土保持方案报告书应包括下列主要内容：

1）建设项目概况；

2）水土流失预测；

3）水土流失防治方案；

4）水土保持投资估算及效益分析；

5）方案实施措施及实施方案的资金情况；

6）市水务主管部门认为需要的其他内容。

《水土保持方案报告表》的内容及格式由水务主管部门根据国家有关规定制定。

生产建设项目征占地面积 5 万 m^2 以上或者挖填土石方总量 20 万 m^3 以上的，生产建设单位或者个人应当编制《水土保持方案报告书》；征占地面积在 1 万 m^2 以上不足 5 万 m^2 或者挖填土石方总量在 1 万 m^3 以上不足 20 万 m^3 的，生产建设单位或者个人应当编制《水土保持方案报告表》。

5.5.9　建设项目用水节水评估报告备案

1）新建、改建、扩建建设项目应当在可行性研究报告文件中包含用水节水评估报告内容，制定节约用水措施方案；依法不进行可行性研究的建设项目，应当在工程方案设计文件中包含用水节水评估报告内容。

2）年设计用水量在 3 万 m^3 以上（含 3 万 m^3）的建设项目用水节水评估报告由建设单位报市水务主管部门审查批准。年设计用水量在 3 万 m^3 以下的建设项目用水节水评估报告由建设单位报区水务主管部门备案。

3）建设项目用水节水评估报告的主要内容应当包括：

①建设项目及用水对象概况；

②项目的性质及相应的产业政策；

③用水定额、规模和用水来源及可行性分析；

④用水工艺，用水设施、设备，用水计量设施的布局；

⑤节水工程及技术措施方案；

⑥节水经济损益分析。

5.5.10　建设工程消防设计审核

1）消防设计文件应当包括设计说明书，有关专业的设计图纸，主要消防设备、消防产品及有防火性能要求的建筑构件、建筑材料表，重点反映依照国家工程建设消防技术标准强制性要求设计的内容。

2）消防设计文件应当按照下列顺序编排：

①封面：项目名称、设计单位、日期；

②扉页：设计单位法定代表人、技术总负责人、项目总负责人和各专业负责人的

姓名，并经上述人员签署或授权盖章；

③设计文件目录；

④设计说明书；

⑤设计图纸。

3）新建、扩建工程消防设计图纸要求：

①总平面

a. 区域位置图；

b. 总平面图：场地四邻原有及规划道路的位置和主要建筑物及构筑物的位置、名称，层数、间距；建筑物、构筑物的位置、名称、层数；消防车道及高层建筑消防扑救场地的布置等。

②建筑、结构

a. 平面图：主要结构和建筑构配件，平面布置，房间功能和面积，安全疏散楼梯、走道，消防电梯，平面或空间的防火、防烟分区面积，分隔位置和分隔物。

b. 立面图：立面外轮廓及主要结构和建筑构件的可见部分；屋顶及屋顶高耸物、檐口（女儿墙）、室外地面等主要标高或高度。

c. 剖面图：应准确、清楚地标示内外空间比较复杂的部位（如中庭与邻近的楼层或错层部位）；各层楼地面和室外标高，以及室外地面至建筑檐口或女儿墙顶的总高度，各楼层之间尺寸及其他必需的尺寸等。

③建筑电气

a. 消防控制室位置平面图。

b. 火灾自动报警系统图，各层报警系统设置平面图。

④消防给水和灭火设施

a. 消防给水总平面图；

b. 各消防给水系统的系统图，平面布置图；

c. 消防水池和消防水泵房平面图；

d. 其他灭火系统的系统图及平面布置图。

⑤防烟排烟及暖通空调

a. 防烟系统的系统图、平面布置图；

b. 排烟系统的系统图、平面布置图。

⑥热能动力

a. 锅炉房设备平面布置图。

b. 其他动力站房平面布置图。

4）改建、内装修工程消防设计图纸要求：

①建筑平面图：原工程总平面图和平面图；本工程平面图，平面或空间的防火、防烟分区面积，分隔位置和分隔物；

②装修图纸：应体现工程各部位顶棚、墙面、地面、隔断的装修材料以及固定家具、装饰织物、其他装饰材料的选用，可采用平面图、立面图、剖面图和节点详图表示。

5.5.11　新建、扩建、改建放射诊疗建设项目卫生审查（预评价审核）

1）新建、扩建、改建建设项目和技术改造、技术引进项目（以下统称建设项目）可能产生职业病危害的，建设单位在可行性论证阶段应当进行职业病危害预评价。

医疗机构建设项目可能产生放射性职业病危害的，建设单位应当向卫生行政部门提交放射性职业病危害预评价报告。卫生行政部门应当自收到预评价报告之日起30日内，作出审核决定并书面通知建设单位。未提交预评价报告或者预评价报告未经卫生行政部门审核同意的，不得开工建设。

2）危害严重类的放射诊疗建设项目职业病危害放射防护预评价报告在申请卫生行政部门审核前，应当由承担评价的放射卫生技术服务机构组织5名以上专家进行评审，其中从放射卫生技术评审专家库中抽取的专家应不少于专家总数的3/5。

立体定向放射治疗装置、质子治疗装置、重离子治疗装置、中子治疗装置和正电子发射计算机断层显像装置（PET）等项目预评价报告的评审，从国家级放射卫生技术评审专家库抽取的专家应不少于专家总数的2/5。

危害一般类的放射诊疗建设项目职业病危害放射防护预评价报告是否需要专家审查由省级卫生行政部门确定；评审专家的组成、专家评审意见、评审意见处理情况及专家组复核意见等内容应作为预评价报告的附件。

5.5.12　建筑工程施工许可证核发

建设单位委托具备资格的服务机构对规划、建筑、人防、防雷、海绵城市等设计内容技术进行统一图审的，均实行告知性备案。

工程投资额在30万元以下或者建筑面积在300m^{2}以下的建筑工程，可以不申请办理施工许可证。

按照国务院规定的权限和程序批准开工报告的建筑工程，不再领取施工许可证。

5.5.13　气源接入点办理指引（含变更、补办）

地上接驳：需提供燃气平面图、系统图各一套。地下接驳：需提供燃气总平面图、区域位置图及其电子文件。

表格填写时需注明项目所在管辖街道。

5.5.14　供气方案审核

1）直接前去各区燃气集团申报即可，两套燃气施工图及电子图；

2）所在项目如果存在燃气锅炉房，燃气施工图需要加盖压力管道设计资质专用章。

第6章 Chapter 6
医疗建筑前期招标管理

6.1 综述

建筑工程招标投标是建筑工程中最重要的流程环节，直接关乎建筑工程的公开公平公正，并与建筑工程质量的好坏有着直接或间接的联系。工程前期的招标项目主要有设计招标及其他相关工程服务类招标，同时也可对施工总承包招标模式予以前期策划，如果建设单位前期做好招标准备工作，成功完成项目前期需要招标项目的招标工作，有利于保证和提高工程质量，有利于控制甚至缩短施工周期，并达到降低工程造价和提高投资效益的目的。

招标管理是指从招标策划研究开始，至完成所有招标投标程序即发放中标通知书并移交招标投标资料为止的各阶段的管理内容。工程前期服务类项目一般包括：项目建议书、可研、地质勘察、物探、地形测量、设计、水土保持、环评、绿色建筑咨询、防洪评价、地灾评估、环境影响评价、交通影响评价、造价咨询、监理、招标代理、检验检测、工程保险、法律援助、用水节水评估、医疗工艺等。为进一步完善工程建设组织模式，医院建设项目可实行全过程工程咨询，即将工程项目管理以及投资咨询、勘察、设计、造价咨询、招标代理、监理、运行维护咨询以及 BIM 咨询等专业咨询服务，全部或分阶段委托给项目全过程咨询单位，以便提升工程建设质量和效益。

6.2 招标组织机构运作和职责分工

招标组织机构包括：招标决策机构、招标管理部门、招标执行部门。具体职责分工如下：

6.2.1 招标决策机构

根据项目实际情况组建招标决策机构组成人员，招标决策机构主要研究招标工作中需集体决策的重要事项和需报请上级领导的重大问题；处理招标工作中的重大问题和涉及多部门的具体问题；分析形势和任务，确定一个时期的工作重点和对策；检查重要工作的落实情况等。

6.2.2 招标管理部门

招标管理部门为招标具体事项的审议机构，可由建设单位负责人、总监、其他单位各部门负责人组成，主要讨论建设工程项目发包方案、招标文件专用条款、设计变更及其他与工程发包相关的议题，并根据需要讨论的招标议题不定期召开会议。

6.2.3　招标执行部门

招标工作小组负责招标事项的具体实施，可由建设单位招标组、专业工程师以及建设单位聘请的全过程项管单位、招标代理等相关服务单位相关人员组成。

（1）建设单位招标组主要负责事项

①审核全过程工程咨询项目部报送的招标规划或标段划分方案、招标控制计划；参与招标文件审核会议并提供意见或建议；

②审定造价咨询公司编制的工程量清单及招标控制价；

③协调全过程工程咨询项目部与设计单位、造价咨询单位、招标代理单位以及与其他部门的事宜；

④复核全过程工程咨询项目部完成的成果文件初稿，并组织上会审批程序；

⑤将审批完成的招标文件反馈给全过程工程咨询项目部，并作为工程管理的主要依据。

⑥将审批完成的招标公告及招标文件上传至政府指定的媒介，对外进行公告。

⑦及时处理招标投标过程中的质疑、异议、投诉等。

（2）全过程工程咨询主要负责事项

①根据项目进展动态调整招标计划；

②管理造价咨询公司与招标代理公司，组织讨论招标方案或标段划分方案、招标控制计划；

③根据招标节点计划启动工程量清单编制、招标文件编制并组织审核；

④审核招标文件和拟定设备材料的技术要求及参考品牌；

⑤对造价咨询单位编制的报价原则、工程量清单、招标控制价、投标限价、经济技术指标进行原则性复核；

⑥协调造价咨询单位和设计单位在清单编制过程中的冲突点，使双方积极投入图纸深化和工程量清单深化的工作中，减少推诿和内耗，使清单编制质量达到可报价的唯一指向，以便减少施工过程中的工程变更，并提高工程招标工作效率；

⑦协调或组织招标流程并协助招标答疑与补遗编制、投标文件澄清工作，对投标资料、投标样板进行审查、验证，参与投标单位相关人员的面试、答辩等工作，协助建设单位对投标单位及采购的设备材料进行调研；

⑧协助审查中标候选人技术标书中的施工组织设计、技术方案、材料设备的技术参数指标，审查中标候选人商务标书中的清单分项及投标报价，提出存在的问题并提

出合理的优化建议；

⑨组织工程量清单复审，审查清单漏项情况并提供复审意见；

⑩协助本项目涉及的服务类和施工类合同的起草、谈判，并协助签订合同；对合同履约、变更、索赔及合同后评价进行管理；对合同风险进行分析并制定应对措施；协助组织完成合同签订价与估算、概算及施工图预算的对比，分析概算超节情况；根据已完成招标项目的情况，调整或更新待招标项目的计划。

（3）招标代理单位

招标人有权自行选择招标代理机构，委托其办理招标事宜。任何单位和个人不得以任何方式为招标人指定招标代理机构。招标人具有编制招标文件和组织评标能力的，可以自行办理招标事宜。任何单位和个人不得强制其委托招标代理机构办理招标事宜。招标代理机构代理招标业务，应当遵守《招标投标法》和相关条例关于招标人的规定。招标代理机构不得在所代理的招标项目中投标或者代理投标，也不得为所代理的招标项目的投标人提供咨询。具体要求如下：

①根据全过程工程咨询单位的要求，参与制定招标方案或标段划分方案，参与招标节点计划的讨论；

②根据招标节点计划编制资格预审文件、招标文件；

③对建设单位招标组、全过程工程咨询等单位提出的资格预审文件、招标文件中的问题进行汇总、修正；

④配合建设单位进行招标文件的挂网公示，并进行招标过程的答疑及补充说明等；

⑤组织招标项目的开标、评标、定标等活动；

⑥协助处理招标过程中的异议、投诉等。

6.3 项目前期工作招标投标程序

根据《招标投标法》，招标投标程序主要包括招标、投标、开标、评标和中标环节。根据深圳市招标投标相关政策规定，招标投标程序主要包括招标、投标、开标与评标、定标与中标环节。其中设计类项目的方案设计招标还可以采用资格预审、投标报名和资格后审3种资格审查方式，其他服务类项目的资格审查方式基本为资格后审。

医院项目设计招标按照"规范程序、制度先行"的原则，坚持"公开、公平、公正"，在统筹兼顾工程设计招标廉政高效、精准择优的基础上，对设计招标形式及项目进行分类，充分发挥评标专家作用，提升评标权威性和专业性，降低设计定标自由裁量权，进一步优化完善设计评标、定标制度，确保设计招标廉洁高效、精准择优。针对重要、特殊项目，创新设计招标模式，通过竞选设计团队，优选在同类型项目中获奖及荣誉获得者。

6.3.1　强化医院招标项目前期调研与策划

考虑到服务单位的综合实力以及服务能力直接影响到项目的顺利进展，所以在服务类项目招标前，建议进行足够的市场调研。从项目实际需求出发，可邀请优质的服务单位进行座谈，更好地了解市场行情。

医院项目工艺复杂，所以在医院项目设计招标的策划阶段及招标公告发布前可以组织潜在优秀设计单位和医院建设单位进行座谈，与优秀设计公司进行交流，充分了解其实力和背景、医院设计业绩、设计团队组成等，增加相互了解。同时建设单位应组织相关招标工作部门针对设计费取费标准开展深入调研，制定合理的落标补偿和设计费标准，增加设计竞标的吸引力，吸引国际优秀建筑设计团队参与招标投标与竞争。通过前期一系列的调研与研究，确立招标项目的定位以及需求。

如深圳坪山区人民医院迁址重建项目在招标公告发布前为扩大项目影响，通过坪山区区宣传部，将"坪山区人民医院迁址重建项目设计招标事宜"通过坪山发布平台向公众发布，既展示了本次招标"公正、公平、公开"的原则，又扩大了项目影响力。

服务类招标策划包括但不限于：项目定位、确定拟采用招标的形式（公开招标或邀请招标）、招标条件的设置（企业资质、人员资质、业绩等，以及设计招标是否采用国际招标，是否采用工作坊）、资格审查方式（投标报名、资格预审、资格后审）、评标定标方法、各阶段评审要素及专家构成、任务书、合同关键条款等内容。

其中项目定位是指调研完成后，初步确定医院的功能需求、建设内容、建设规模、投资规模及建筑档次，结合医院的门诊量、床位数及自身医疗特色，提出项目的建设目标（即对质量、投资、进度、安全的要求），提出项目建设贯彻环保、绿色、可持续的理念。

6.3.2　服务类项目招标的前提条件

服务类项目招标前应取得政府部门相关批复文件，基本确定了建设投资及建设标准，并能够提出满足招标要求的建设需求，项目管理策划方案已按要求办理完成相关审批及备案手续。

医院项目设计招标前，应全面了解项目的基本情况，可采用使用单位编制的《设计任务书大纲》或医疗工艺设计咨询机构编制的《设计任务书》进行招标。一般情况下可以根据可研和用地规划许可证的批复，会同使用单位或者医疗工艺设计咨询机构编写设计任务书。

编制设计任务书时，如有使用单位应积极与使用单位沟通，充分考虑医院医生的主体使用需求，鼓励医院院长全面参与项目规划建设，设计任务书中尽可能清楚描述使用单位提出的对建设内容、建筑设计及特殊医疗设备的要求，以便准确编写设计任务书促进项目设计和实际需求深度融合，并且使用单位需对设计任务书进行书面确认。

6.3.3　服务类项目招标准备

（1）招标需求

对于即将进入招标程序的招标项目，首先需要启动招标，我们可以把它统称为招标需求。招标需求可由项目实施部门发起，招标需求应该明确招标工程名称及类型、工程概况、招标范围、建设总投资及招标暂估价、招标工期等重要信息。其中医院项目的设计招标，还需同时提供设计任务书。

其中对于医院项目设计招标范围，一般应当将建筑工程的方案设计、初步设计和施工图设计一并招标。确需另行选择设计单位承担初步设计、施工图设计的，应当在招标公告或者投标邀请书中明确。鼓励建筑工程实行设计总包。实行设计总包的，按照合同约定或者经招标人同意，设计单位可以不通过招标方式将建筑工程非主体部分的设计进行分包给具有相应资质的单位。

医院设计招标范围包括概念设计、方案设计（含估算编制）、初步设计（含概算编制）、施工图设计、竣工图编制等；同时在工业化和大数据的发展背景下BIM应用也急不可待，在设计招标时候可加入BIM模型建立及应用，在设计工作展开的同时，BIM要同步配合设计，并提供全过程BIM成果。

医院设计招标时同时明确设计内容是否包含大型医疗设备房间内二次结构、防水工作、内门窗、（磁共振）医疗设备房间抹灰装饰、医疗设备防护设施、设备配套设施等。大型医疗设备房间包含但不仅限于后装机房间、直线加速器房间、模拟定位机房、CT模拟机房、DSA房间、MRI房间、数字化胃肠造影X线机房间、数字化泌尿检查床X线机房间、DR房间、数字化乳腺X线机房间、骨密度测定仪房间，以及上述房间的功能性辅助房间，如设备室、控制间、准备间、缓冲区、熔铅室等。具体招标内容根据项目涉及的专业在招标文件中给予明确。

（2）招标方案

在正式发布招标公告前，可根据招标类型及实际情况编制招标方案进行内部审批。编制招标方案主要是把招标文件中重点部分挑选出来进行集体决策或者内部审批，减少因招标文件信息过多而错过某些关键信息的审批。

招标方案除了包含招标需求中的相关信息外，还可包括招标方式、交易平台、投标人资质要求、项目负责人资格要求、工程质量要求、资格审查方式、投标报价要求、对应的结算方式、投标有效期、评标方法、定标方法、评标委员会组成、定标委员会组成、落标补偿（设计招标）、其他要求等（对本招标方案或合同内容进行补充的内容，如人员更换处罚、预付款等）。

（3）投标人资质要求

工程服务项目的招标人可以将投标人的企业资质、项目负责人执业资格、同类工程经验（业绩）要求等作为投标资格条件。投标人的企业资质可根据各类服务项目资质管理规定进行设定，如设计招标可参照《工程设计资质标准》来设定，监理招标可参照《工程监理企业资质管理规定》来设定。

同类工程经验（业绩）作为投标资格条件时，可参照深圳市的相关规定，应当符合下列规定：

1）同类工程经验（业绩）设置数量仅限 1 个，时间范围不得少于 3 年（从招标公告发布之日起倒算）。

2）指标应当符合建设工程的内容，且不得超过 3 项，其中规模性量化指标不得高于建设工程相应指标的 50%，技术性指标不得高于建设工程的相应指标。招标人需要超出本规定设置其他同类工程经验（业绩）指标的，应当在评标专家库中按照专业随机抽取不少于 5 名专家并经专家论证同意。

如医院设计招标时在业绩上可以要求投标人具备大型医疗类或大型公共建筑 BIM 设计经验及能力并对设计团队的项目负责人、主创设计师、主要专业负责人提出相应要求。

（4）投标报价要求

目前主管部门颁发的大部分取费标准都已经取消，但招标人在实际工作中还是可以参照执行。如医院项目设计招标时，医院项目招标时设计服务费用可由工程设计费、BIM 设计费、竣工图编制费三部分组成。基本设计费可参照国家发展改革委员会、建设部颁发的《工程勘察设计收费标准》（2002 年修订本）、中国勘察设计协会颁发的《2018 建筑规划设计参考标准》计取；BIM 设计费可参照广东省物价局《关于调整我省建设工程造价咨询服务收费的复函》（粤价函〔2011〕742 号）计取；竣工图编制费用可以按照基本设计费乘以费率计算。

目前市场上已有明确规定可以给予落标补偿费，但是对于落标补偿费到底由哪方出，以及给予多少落标补偿费还没有明确。建议在医院设计招标时，在计算设计服务费时增加落标补偿费，并且可以适当提高落标补偿费用，以吸引优秀医院建筑设计团队和著名建筑师参与。

（5）评标委员会组成

评标委员会的专家成员应当由招标人从评标专家库内按照专业随机抽取，但来自同一单位的评标专家不得超过2人。

对于技术复杂、专业性强或者有特殊要求的建设工程，因评标专家库没有相应专业库，或者评标专家库现有专家难以胜任该项评标工作的，招标人可以直接委托专家或者专业机构进行评标。

货物、服务招标的评标委员会成员数量为5人以上单数，招标人可以委派一名代表。

方案设计招标的评标委员会成员，由招标人从评标专家库内随机抽取，也可以由招标人直接邀请中国科学院院士、中国工程院院士、设计大师或者设计行业的资深专家参加评标。

由于评标、定标分离，部分专业评委被要求不得对前三名甚至前五名设计方案排序，忽视了集体评审的专业性，无法选出最好的设计和团队。同时，对于医院这类特殊功能的房建项目，招标人普遍通过市评标专家库选取评标委员会成员，其中医疗功能规划、医疗流程设计、医疗专项系统等领域专家储备不足，难以满足项目招标评审需求。

建议医院设计评审可以优化招标竞赛条件，由医疗项目建设方面的专家组成评审团，通过"竞赛展览"等方式，鼓励国外知名设计机构参与项目设计，并由评审团对设计方案进行评审，评审第一名的设计团队获得建设任务，着力打造最符合人民就医需求的医疗空间。

同时加快引进国内外设计领域权威专家，动态更新评标专家库，提升评标专业化水平，完善专家意见反馈机制，确保充分吸纳专业意见，优选设计单位。

（6）定标委员会组成

招标人采用票决定标法或者集体议事法确定正式投标人或者定标的，应当组建定标委员会。

定标委员会由招标人的法定代表人或者主要负责人组建。定标委员会成员原则上从招标人、项目业主或者使用单位的领导班子成员、经营管理人员中产生，成员数量为7人以上单数。确有需要的，财政性资金投资工程的招标人可以从本系统上下级主管部门或者系统外相关部门工作人员中确定成员；非财政性国有资金投资工程的招标人可以从其母公司、子公司人员中确定成员。

定标委员会成员应当由招标人从2倍以上符合上述条件的备选人员名单中随机抽取确定。招标人的法定代表人或者主要负责人可以从本单位直接指定部分定标委员会成员，但总数不得超过定标委员会成员总数的 1/3。

定标委员会应当在定标会上推荐定标组长，招标人的法定代表人或者主要负责人参加定标委员会的，由其直接担任定标委员会组长。招标人还应当组建监督小组对定标过程进行见证监督。

6.3.4　服务类项目招标程序

责权不明、围标串标、明标暗定是建设工程招标投标中备受诟病的顽疾，深圳市于 2012 年 6 月 1 日起正式发布实施《关于深化建设工程招标投标改革的若干措施》，在全国率先推行评标和定标分离制度。所以本书中的招标程序参照深圳市的招标程序，增加了定标环节，即招标程序是指从发布招标公告开始至发放中标通知书为止，即主要包括招标公告或资格预审公告及招标文件或资格预审文件发布、资格审查、答疑补遗、截标、开标、评标、定标、中标通知书发放等。

（1）招标公告及招标文件发布

根据各地市住房城乡建设管理部门及建设工程交易服务中心、公共资源交易中心有关要求办理招标备案，发布招标公告或资格预审公告、招标文件或资格预审文件及招标控制价，财政投资项目均需在住建局备案，招标备案后核对网上公示信息，确保招标信息无误，并及时记录招标项目动态。

招标公告期间，留意有无投标人质疑，如有收到质疑，在规定的答疑截止时间办理发布答疑。

根据深圳市相关招标投标规定，招标人应当通过交易网按照下列规定时限持续发布招标公告、资格预审公告和招标文件：①采用投标报名方式招标的，招标公告自开始发布至投标报名截止不得少于 5 个工作日。②采用资格预审方式招标的，资格预审公告自开始发布至提交资格预审申请文件截止不得少于 10 日。③采用资格后审方式招标的，招标文件应当与招标公告同时发布，招标公告自开始发布至提交投标文件截止不得少于 20 日，采用直接抽签发包的不得少于 5 个工作日。④招标文件自开始发布至提交投标文件截止不得少于 20 日，方案设计招标的不得少于 30 日。⑤不要求投标人编制技术标书，不进行技术标评审的，招标文件自开始发布至提交投标文件截止不得少于 5 个工作日。

招标公告发布后，招标人不得变更投标人资格条件、评标定标方法等实质性条款。确需改变的，应当重新发布招标公告。招标人应当在发布招标公告、资格预审公告和招标文件的同时，报建设部门或者交通部门登记备案，并对招标公告和招标文件的真实性、合法性负责。

招标人应当在指定的媒介发布招标公告。大型公共建筑工程的招标公告应当按照有关规定在指定的全国性媒介发布。

（2）资格审查

招标公告结束后，根据招标方案的要求，对投标报名单位的资质、业绩等进行审核后，进行合格投标人公示。如项目需进行资格预审，公告结束后，由相关部门组成资格预审评审委员会，评审委员会对投标单位提交资格审查进行预审，如有必要，可对投标单位进行考察，最后形成资格预审意见，内部审批之后进行合格投标人公示。

如对医院设计单位考察主要从以下几个方面进行：

1）考察设计单位的综合实力如公司资质等级、行业认可知名度、医疗建筑项目有无获得国际级/国家级设计奖项的情况等；

2）考察设计单位是否具备大型医疗类和大型公共建筑BIM设计经验及能力，了解被考察设计单位的服务意识、服务态度和设计图纸的质量；

3）考察设计单位的管理水平，企业管理组织结构、标准体系、质量体系是否健全，是否通过ISO系列标准体系认证等；

4）对设计单位的取费标准进行初步了解，比选出性价比（设计作品质量与设计取费）较高的设计单位；

5）了解设计单位的合同履约的情况。

招标人采用资格预审办法对潜在投标人进行资格审查的，应当发布资格预审公告、编制资格预审文件。由招标人依法组建资格预审评审委员会对投标申请人进行资格预审，评审委员会严格按照资格预审文件投标人资格条件规定的要求对投标申请人进行符合性审查，资格预审不采用打分的方式评审，只有"通过"和"未通过"之分。投标申请人必须通过符合性审查方可进入最终评审环节，资格预审评审方法可以采用如直接票决（简单多数法），评审委员会对所有通过符合性审查的投标人按照资格预审文件进行综合评审，并通过简单多数法（不能弃权）原则推荐入围单位，并由招标人向其发出资格预审结果通知书和最终的设计招标文件。

资格预审文件中可约定，在资格预审评审时可根据符合资格审查条件投标单位家数进行分级推荐，如：

1）当若符合资格审查条件投标单位家数＞7家时，由资格预审审查委员会通过评审选出7个入围投标申请人；资格预审审查委员会将根据情况组织对资格预审入围单位的项目负责人、主创设计师及其团队等进行面谈，如发现异常情况，及时调整入围单位名单。

2）当5家≤若符合资格审查条件投标单位家数≤7家时，资审合格的投标人全部入围；将视情况组织资格预审审查委员会对资格预审入围单位的项目负责人、主创设计师及其团队等进行面谈，如发现异常情况，及时调整入围单位名单；

3）当符合资格审查条件投标单位家数＜5 家时，不组织资格预审审查委员会评审，招标人将重新组织招标。具体数量可由各招标人根据实际情况进行约定。

对于需要重新组织招标的项目，招标人应修订并公布新的资格预审条件，重新进行资格预审，直至 3 家或 3 家以上投标人通过资格预审为止。特殊情况下，招标人不能重新制定新的资格预审条件的，必须依据国家相关法律、法规规定执行。

（3）现场踏勘

根据项目具体情况确定是否需要集中踏勘。如项目地点较为偏僻的，应尽可能采取措施（包括在适当位置设置指示牌）让投标人能够顺利到达。招标人不得组织单个或者部分潜在投标人踏勘项目现场。

（4）答疑补遗

根据深圳市相关招标投标规定，投标人可以在交易网不署名提出对招标事宜的质疑，招标人应当在交易网及时答复。

1）采用投标报名的，对招标公告的质疑应当在投标报名截止 3 日前提出，答疑、补遗应当在投标报名截止 2 日前发出；采用资格预审的，对招标公告的质疑应当在提交资格预审申请文件截止 5 日前提出，答疑、补遗应当在提交资格预审申请文件截止 3 日前发出。逾期答疑、补遗的，投标报名或者提交资格预审申请文件截止时间应当相应顺延。

2）对招标文件的质疑，应当在提交投标文件截止 10 日前提出，答疑、补遗应当在提交投标文件截止 5 日前发出；采用直接抽签发包的，应当在提交投标文件截止 3 日前提出，答疑、补遗应当在提交投标文件截止 2 日前发出。逾期答疑、补遗的，提交投标文件截止时间应当相应顺延。

招标人应充分考虑各种情况，适当预留足够的时间。如果补遗涉及重大事项的变更，则应适当延长截标时间，给投标人合理的应标时间。

（5）截标

在招标公告或投标文件递交截止时间后，招标人可登录系统查看投标报名或者递交投标文件的家数。

（6）开标

招标人按规定时间、地点组织开标会。投标人自愿参加开标会，未参加开标会的，视为其认可开标程序和结果。

投标人少于 3 个的，不得开标；招标人应当重新招标。投标人对开标有异议的，应当在开标现场提出，招标人应当当场做出答复，并制作记录。

（7）评标

招标人或招标代理机构根据招标建筑工程项目特点和需要组建评标委员会，其组成应当符合有关法律、法规和本办法的规定。评标委员会人数为5人以上单数组成，其中大型公共建筑工程项目评标委员会人数不应少于9人。评标委员会必须严格按照招标文件确定的评标标准和评标办法进行评审。评委应遵循公平、公正、客观、科学、独立、实事求是的评标原则。评标委员会各成员独立评审。如果有废标提议，由评标委员会成员共同表决，决定是否废标。评标委员会采用逐轮淘汰的记名投票方式进行评审，评标委员对投标方案进行点评时需对方案的优缺点进行分析，并提出优化建议。产生评标结论后，评标委员会撰写、签署评标报告，向招标人推荐中标候选人。评标报告由评标委员会全体成员签字，对评标结论持有异议的评委可以书面方式阐述其不同意见和理由。

其中，对于方案设计招标的，若投标单位数量较多时，招标人可在招标文件中约定，评标委员会可根据投标单位家数采用分级逐轮淘汰，如：当进入评标环节的投标单位家数＞20家时，则评标委员会先每轮淘汰10家；当10家＜当进入评标环节的投标单位家数或淘汰投标单位家数≤20家，则评标委员会先每轮淘汰5家；当进入评标环节的投标单位家数或淘汰至投标单位家数≤10家时，则每轮淘汰1家。具体数量可由各招标人根据实际情况进行约定。

简单来说一般是首先由评标委员会从合格的投标人中确定三个优选设计方案（无排序），然后由定标委员会结合评标委员会专家评审意见择优选定一个设计方案，对应的设计单位即为中标单位。招标人也可以委托评标委员会直接确定中标人。

招标人按规定时间、地点组织评标会。

招标人应当向评标委员会提供评标所必需的信息，但不得明示或者暗示其倾向或者排斥特定投标人。

评标委员会成员应当按照招标文件规定的评标标准和方法，客观、公正地对投标文件提出评审意见。招标文件没有规定的评标标准和方法不得作为评标的依据。

评标报告应当由评标委员会全体成员签字。对评标结果有不同意见的评标委员会成员应当以书面形式说明其不同意见和理由，评标报告应当注明该不同意见。评标委员会成员拒绝在评标报告上签字又不书面说明其不同意见和理由的，视为同意评标结果。

依法必须进行招标的项目，招标人应当自收到评标报告之日起3日内公示中标候选人，公示期不得少于3日。

（8）定标

招标人应当按照充分竞争、合理低价的原则，采用下列方法或者下列方法的组合在评标委员会推荐的合格投标人中择优确定中标人：

1）价格竞争定标法，按照招标文件规定的价格竞争方法确定中标人。❶

2）票决定标法，由招标人组建定标委员会以直接票决或者逐轮票决等方式确定中标人。

3）票决抽签定标法，由招标人组建定标委员会从进入票决程序的投标人中，以投票表决方式确定不少于 3 名投标人，以随机抽签方式确定中标人。

4）集体议事法，由招标人组建定标委员会进行集体商议，定标委员会成员各自发表意见，由定标委员会组长最终确定中标人。所有参加会议的定标委员会成员的意见应当作书面记录，并由定标委员会成员签字确认。采用集体议事法定标的，定标委员会组长应当由招标人的法定代表人或者主要负责人担任。

评标委员会推荐有排序的中标候选人的方案设计招标，招标人应当确定排名第一的中标候选人为中标人；评标委员会推荐无排序的中标候选人的方案设计招标，招标人采用票决定标法定标。采用票决定标法、集体议事法或者票决抽签定标法的，招标人应当自评标结束后 10 个工作日内进入交易中心进行定标。方案设计招标的招标人应当在评标结束后 30 日内确定中标人。不能按时定标的，应当通过交易网公示延期原因和最终定标时间。不能按时定标的，应当通过交易网公示延期原因和最终定标时间。

（9）中标通知书发放

6.4　服务类项目招标

6.4.1　服务类招标内容

医疗项目在前期阶段涉及的服务类招标项目主要包括：可行性研究报告编制、全过程工程咨询、医疗工艺专项咨询、全过程造价咨询、环境影响评估、施工图审查、交通影响评价、地质灾害评估、水土保持方案、职业病危害防治评价等其他服务。

服务类项目招标程序类同设计项目招标，本书不再赘述。以下主要介绍几类较为重要的服务类招标项目。

---

❶　价格法在实施过程中有很多弊端，目前深圳市已取消。

6.4.2　项目全过程工程咨询服务

2017年国务院及住房城乡建设部先后发文《国务院办公厅关于促进建筑业持续健康发展的意见》（国办发〔2017〕19号）、《住房城乡建设部关于开展全过程工程咨询试点工作的通知》（建市〔2017〕101号），提出了全过程工程咨询的概念以及相关试点工作的要求，旨在完善和优化工程建设组织模式。

全过程工程咨询是指对建设项目全生命周期提供组织、管理、经济和技术等各有关方面的工程咨询服务，包括项目的全过程工程项目管理以及投资咨询、勘察、设计、造价咨询、招标代理、监理、运行维护咨询以及BIM咨询等专业咨询服务。全过程工程咨询服务可采用多种组织方式，全过程工程咨询单位应具有国家现行法律规定的与工程规模和委托工作内容相适应的勘察、设计、监理、造价咨询等资质，可以是独立咨询单位或（总分包性质的）联合体，为项目从决策至运营持续提供局部或整体解决方案以及管理服务。

项目全过程工程咨询可划分为项目决策、勘察设计、招标采购、工程施工、竣工验收、运营维护六个阶段。全过程工程项目管理主要包括：项目策划管理、报建报批、勘察管理、设计管理、合同管理、投资管理、招标采购管理、施工组织管理、参建单位管理、验收管理以及质量、计划、安全、信息、沟通、风险、人力资源等管理与协调工作。

6.4.3　医疗工艺专项设计及咨询服务

该项咨询服务内容包括：项目前期可行性研究策划，含医院定位及功能需求研究、医学功能设置；配合编制可行性研究报告；医疗工艺流程设计与咨询，含方案设计阶段的医疗工艺流程设计、初步设计及施工图设计阶段的医疗工艺设计与咨询配合、施工阶段的医疗专项工程施工咨询服务；协助建设单位完成医疗卫生流程专项审查；参与医疗工程项目建筑招标策划、标段划分，根据设计文件及相关要求编制招标文件技术要求、拟定设备材料的技术参数等。

6.4.4　全过程造价咨询服务

建设项目全过程工程造价咨询服务是由专门从事造价咨询业务的公司接受建设单位委托，对建设项目从决策阶段、设计阶段、实施阶段到竣工各阶段、各环节工程造价进行全过程监督和控制并提供有关造价决策方面的咨询意见。全过程造价咨询不同于以往造价咨询人员在各个阶段独立进行造价管理，前后不同阶段之间易产生横向信息不对称的问题。由于信息流通不畅，前后双方协调会出现问题，从而交易成本会有所增加，造成项目资源浪费。通过对工程项目进行全过程的造价管理，不仅可以增强各阶段造价管理的衔接，使各个阶段的成果更易直接监督及检查，同时使业主方和工程造价咨询机构之间产生持续、有效的沟通，增强业主对项目的控制力，从而达到业主的投资控制目标要求。

6.5　施工总承包招标策划

医院项目前期阶段尚不涉及施工，本节仅对医院施工的发包模式进行分析。

6.5.1　施工招标的总体原则

施工招标常用的承发包模式有平行承发包、施工总承包及施工总承包＋专业分包，各有优劣势，医院项目体量大且包含的医疗专项工程较多，医院施工招标拟采用施工总承包＋专业分包的模式，从而可以更好地与现阶段的项目管理理念协调一致，让专业的人做专业的事。

根据医院特点，对施工承包单位的计划能力和专业水准要求非常高，因此，招标时需通过技术标清标对比承包单位公司业绩、项目经理业绩，并充分考察总包单位对创优规划、工期控制、分包管理、绿色施工、智慧工地、BIM运用的规划方案，并以此作为选择要素，因此制定本项目招标的总体原则为：发挥专业公司优势、加强市场调研、全链条择优、推行大总包管理模式。

6.5.2　医院施工招标模式

医院项目所包含的专业众多，如洁净专业、屏蔽防护专业、医疗气体专业、呼叫系统专业、物品传输专业等，招标采购任务量大，建设内容非常多，招标的范围广、工作量大，招标涉及领域多，专业性强。医院工程一般为政府性投资，招标采购工作必须遵照当地政府的有关规定和有关法律法规执行。招标工作周期,包括招标公告（含预审文件公告）时间、投标截止时间、公示时间等必须按照条例要求的时间设置。

（1）施工总承包

医院施工招标如采用施工总承包（含各专业工程及医疗专项工程）的模式，施工总承包发包内容包括但不仅限于土石方、基础与支护工程、结构工程、所有建筑安装工程、医疗专业工程、精装修工程、室外工程等项目全部施工内容。

医院施工总承包招标时，明确约定建设单位在总包单位选定专业分包时的控制措施，如：

1）建设单位和总承包单位联合公开招标的方式，招标确定的专业承包商同总承包单位签订合同，纳入总承包管理，总承包单位按招标文件的约定收取一定比例的总承包管理费。此种模式不仅可以择优选择合格的专业工程承包商，还能有效地控制专业工程的质量和投资；

2）总承包单位推荐 3 ~ 5 名专业工程承包商，经建设单位考察认可后，确定专业工程承包商，此种模式可以在一定程度上择优选择合格的专业工程承包商，但选择范围没有公开招标大。

（2）建筑机电工程总承包 + 专业工程平行发包

建筑机电工程总承包 + 专业工程平行发包的模式下，最重要的工作是专业工程标段的划分以及建筑机电总包同各专业工程的界面划分，其总体原则应重视各标段界面管理，在平面及竖向上应避免施工相互干扰，在时间上考虑搭接有序，在工序上考虑施工组织和专业工程特性。

建筑机电总承包的发包内容应包括土石方、基础与支护工程、结构工程、建筑安装工程、装修工程、幕墙工程、室外工程等。

医疗项目各医疗专业工程标段划分及承包内容建议如下：

1）洁净手术部及 ICU 病房工程

手术部及其办公区、生活区、ICU 病房及其办公区、生活区内的地面找平、射线防护、装饰装修、成品护士站、给水排水、建筑电气、建筑智能化、净化空调、普通空调、医用气体、吊塔、无影灯、医疗设备预留预埋等除消防系统外的全部施工内容。

2）消毒供应中心工程

供应中心及其办公区、生活区内的地面找平、装饰装修、给水排水、建筑电气、建筑智能化、空调及通风、备用蒸汽锅炉、洗消设备等除消防系统外的全部施工内容。

3）检验科实验室工程

检验科及其办公区、生活区内的地面找平、装饰装修、给水排水、医用纯水、建筑电气、建筑智能化、净化空调、普通空调、检验实验设备预留预埋等除消防系统外的全部施工内容。

4）医用气体及高压氧舱工程

液氧站、医用气体机房、气体管道、治疗带及各专业终端、气体监测、病房呼叫、成品高压氧舱等。

5）导向标识工程

总平面及索引、宣传栏、医护人员公示栏、人行导视、车行导视、急诊指示、墙贴、地贴、楼层索引、多项指示等。

6）污水处理站工程

污水处理设备、管道、配电、控制、水质在线监测等。

7）护士站工程

成品或组装式护士站等。

8）厨房工程

包括墙地面及吊顶等装修、厨房内的水电安装、厨房的设备采购安装等。

医疗建筑前期合同管理

7.1 综述

项目合同，是指建设单位或其代理人与项目承包人或供应人为完成已确定的项目所指向的目标或规定的内容，明确互相的权利义务关系而达成的协议。合同管理实质上就是采购或承发包合同的履约管理，对项目组织而言，它包括将适当的项目管理方法应用于合同的管理之中，以及将这些管理的成果集成到全面项目管理之中。

合同管理是项目采购管理的一个重要环节，无论什么类型的项目，无论项目各方签订了一个多么合理的合同，如果没有良好的合同管理，项目仍将不能达到预期的目标。合同管理直接关系到项目实施是否顺利，各方的利益是否能够得到保护。

7.1.1 合同管理的概念

建设工程合同管理是对工程项目中相关合同的策划、签订、履行、变更、索赔和争议的处理。它是工程项目管理的重要组成部分，根据合同管理的对象，可将合同管理分为两个层次：一是对单项合同的管理；二是对整个项目的合同管理。整个项目的合同管理是对涉及整个项目的所有可能发生的合同进行总体策划、实施、组织招标、签订合同、履约管理及结算完成的全过程。单项合同的管理主要是指从合同开始到合同结束的全过程对某个合同进行的管理，包括合同的提出、合同文本的起草、合同的订立、合同的履行、合同的变更和索赔控制、合同收尾等环节。整个项目的合同管理，由于合同在工程中的特殊作用，项目的参加者及与项目有关的组织都有合同管理工作，但不同的单位和人员，如政府行政管理部门、律师、业主、工程师、承包商、供应商等，在工程项目中的角色不同，则有不同角度、不同性质、不同内容和侧重点的管理工作。

7.1.2 合同管理的目的

合同管理的目的是要明确合同管理职责，规范合同管理程序，通过采用完整的并符合国家、行业主管部门要求的合同文本，最大限度保障合同履约质量，以达到节约投资、减少或规避风险的目的，使得整个工程在预定的投资、预定的工期范围内完成、达到预定的质量标准，满足项目的使用和功能要求。

7.1.3 合同管理的范围

包括对勘察、设计、造价咨询等合同的执行管理，侧重于技术、进度、资金、付款条件、工作范围等以及合同的订立、履行、变更、终止和解决争议等内容。

7.1.4　合同类型

建设工程的建设过程大体上经过项目建议书、可行性研究阶段、勘察、设计、施工几个阶段，相关的各类合同作为合同管理的对象，主要包括三类合同，即技术服务类合同、工程施工类合同、货物采购类合同。同时根据招标方式的不同，也可分为项目合同与非项目合同，其中项目合同包括可研性研究报告编制合同、项目建议书编制合同、概念设计合同、服务类合同（勘察、设计合同、全过程工程咨询、造价咨询合同等）。

7.2　合同管理分工

7.2.1　建设单位

1）编审项目招标阶段拟定的合同文件，提供修改意见；参与项目部组织的合同文件讨论会议；

2）审定施工过程中涉及合同工作的补充协议，提供相关意见；

3）根据招标投标文件及相关法律法规启动合同签订程序，按时与中标单位签订合同；

4）在合同实施全过程中监督并及时牵头解决与合同相关的问题；

5）按法律法规或上级主管部门要求需备案的，负责备案相关工作。

7.2.2　相关业务部门职责

若有需要各相关业务部门依据业务特点和项目实际协助建设单位起草合同文本。各相关业务部门包括：建设单位委托的项目咨询单位、监理单位、设计单位等。

（1）建设单位委托的项目咨询单位

1）组织、协助建设单位拟定决策阶段各类专业咨询、评审或检测类合同文件，分析合同条款设置合理性及风险防范措施；

2）协助建设单位组织造价咨询单位 / 招标代理单位讨论总承包合同与各专业工程合同之间的工作内容、工作范围及界面划分；

3）结合施工图纸内容及界面划分，协助建设单位组织造价咨询单位讨论确定招标文件中的合同条款内容；

4）协助建设单位进行合同签约谈判，以投标文件及招标文件为基础协助编制签约合同文件，在时限内协助完成合同签订工作；

5）指示监理单位跟踪施工过程中的总包履约情况，针对重大变更在双方完成价格商定后督促双方签订补充协议；

6）跟踪专业工程合同执行情况，组织设计、造价咨询等单位对因清单漏项或错误造成的合同外工作内容进行估价，双方商定后签订补充协议；

7）编制及更新已签合同及待签合同台账，与动态投资表格进行相关联。

8）以签署的合同或补充协议为依据，审核承包人上报的进度款申请书、结算报告等，出具审核报告；提供合同支付及结算的动态数据；

9）对设计变更、施工现场条件变更等，与施工单位核定或商定价格，为补充协议签订提供商定价格。

（2）监理单位

1）根据合同规定，对承包单位完成的工程量进行计量验收，在质量合格基础上注明实际量或完成比例，注明审核意见；

2）配合项目咨询单位造价管理部的工作，提供变更工程量的签证记录。

（3）设计单位

1）按出图计划提供初步设计图纸、施工图设计文件、变更图纸文件等；

2）进行施工图交底，针对交底澄清结果提供设计补充文件；

3）根据建设单位的要求，提供招标文件需要的基础设计数据或信息。

7.3 合同内容

合同一般应采用国家、行业主管部门编制的标准合同文本，并在此基础上根据项目实际进行完善；无标准合同文本应根据项目实际起草合同文本并应符合《中华人民共和国招标投标法》及实施条例、《中华人民共和国政府采购法实施条例》等的要求。合同起草完成后，法制机构或者法律顾问应对合同的合规性进行审查。

前期合同管理内容主要为勘察、设计合同及其他服务类合同（如全过程工程咨询、环评、可研、勘察、施工图审查及医院职业病危害评估）等。

7.4 合同订立阶段、履约阶段、后评价阶段的主要管理内容

7.4.1 合同订立阶段的主要管理内容

1）建设单位自招标文件编制开始，负责拟定合同初稿，明确合同核心实质内容，将相关内容纳入招标文件，为中标后的合同谈判创造有利条件。

如医院项目设计合同在招标文件编制时需要编制设计任务书，并且该任务书经过医院使用单位的确认，为避免设计单位中标后不按照任务书执行设计，医院的使用要求不能全面实现，可在合同中明确设计任务书中的技术措施将由中标单位盖章确认并确保在施工图设计图中严格按照设计任务书执行，若因中标单位未在招标质疑时提出异议导致设计任务书不符合国家有关机关规范要求，造成工程损失的，由中标单位承担全部责任。

2）中标公示结束，建设单位组织相关单位完善合同初稿，在招标文件合同初稿基础上补充双方法人信息、投标文件中实质性承诺内容等，对合同的内容包括但不仅限于名称、签订依据、合同范围、取费标准、工期、质量标准、合同价款、付款方式、技术标准及参数要求、双方权利义务、违约条款等，或其他认为必须审核的内容进行初步审核。

3）建设单位组织相关各方审查评审并出具初稿合同审查评审意见，根据各方审查意见召开合同定稿会，完成合同单方面定稿。

4）发放单方面定稿合同至中标单位，限定时间反馈意见，针对中标单位反馈意见组织研究，必要时请示领导逐条给出结论，合同洽商及谈判过程可能涉及多轮意见交换，建设单位聘请的咨询公司应协助建设单位及时解决争议，针对争议问题的解决务必做到合规合法。

5）建设单位与中标单位开展合同谈判，就合同分歧逐项解决直至达成一致结论，完成合同最终定稿。

6）组织定稿合同印刷出版，跟踪中标单位提交履约保函或履约保证金，落实合同签署盖章发放，大型项目根据建设单位需要，可组织正式签约仪式。

7.4.2　合同履约阶段的主要管理内容

1）建设单位负责拟定合同管理制度、办理签订合同授权委托的有关事宜、监督合同依法签订和履行、参与合同纠纷的调解和处理、负责合同管理有关的外聘法律顾问工作、其他合同管理工作，处理合同纠纷、处理合同变更、解除或终止、协助办理合同结算及审计、合同文件的收集、整理、分类归档。

2）建设单位全面把控合同履行的进度、质量、深度等内容，牵头处理合同争议，进行履约评价。

3）建设单位就合同核心内容、风险点等要求其聘请的项目咨询单位组织内部职能部门及责任人学习，对合同背景、合同工作范围、合同目标、合同执行要点及特殊情况处理等进行全面交底。专项制定管理工作流程，促进全面履约。

4）建设单位依据合同履约内容，明确合同履约指标及合同履约管理工作重点、任务及时间，建立健全合同履约跟踪检查方式及方法，并随履约过程同期落实。

5）建设单位做好合同文件管理工作，同步登记合同台账、付款台账等，合同及补充合同协议乃至经常性的工地会议纪要、工作联系单等实际上是合同内容的一种延伸和解释。应建立技术档案，对合同执行情况进行动态分析，根据分析结果采取积极主动措施，与合同方进行有效沟通。

6）建设单位加强合同履约过程检查，注意按合同要求的时限履行义务。

承发包双方、监理工程师都应在合同要求的时限内履行各自的义务，避免引起争议及索赔。

7）建设单位公正客观地处理索赔，及时组织补充协议洽商签署。

医院工程体量较大、建筑功能较多、加上施工工期相对紧张，不可避免会产生各种索赔和反索赔。加强索赔管理，可以有效控制工程造价。建设单位要积极主动采取以下合同管理措施减少索赔。

①合同交底

合同交底是建设工程合同管理的重要制度，建设单位通过组织项目具体管理人员学习合同条文和合同总体分析结果，使参加项目实施的各方熟悉合同中的主要内容、各种规定、管理程序，了解合同责任和工程范围及各种行为的法律后果等，从而保证参与项目实施的各方正确履行合同和防范合同风险。

②合同跟踪、监督、纠偏

合同签订完成后，合同中各项任务的执行要落实到具体的项目参与人员身上，建设单位作为合同主体，必须对合同执行者（具体项目参与人）的履行情况进行跟踪、监督和控制，确保合同义务的完全履行。

通过合同跟踪和监督，可能发现合同实施过程中存在偏差，建设单位应该及时分析原因，采取措施，纠正偏差。

③严格管理现场签证

工程项目实施过程经常出现各种与合同约定不符的情况，必须及时办理现场签证。由于签证是双方对真实意思表示一致的结果，可以直接作为追加工程合同价款的计算依据。因此要严格签证权限制和签证手续程序，提倡只签客观实际情况而不签造价，只签实际工作量、施工措施而不签造价。建设单位的结算部门应严把审核关，拒绝不合理的现场签证。

④做好合同实施档案管理

档案管理应在各分项工程完工后，对相关变更、签证、检测及监测资料、验收、会议纪要等进行收集整理，按档案管理部门要求进行归档。

7.4.3 合同履约评价

合同履行过程中和履行完毕，应按照合同约定的履约评价办法组织过程及最终履约评价，履约评价结果应反馈合同对方，并按照合同约定对履约评价结论不合格的单位进行处罚。建设单位应指定的专门验收人员对合同履行情况进行验收总结，填写合同履行情况总结书，应标注履行合同的编号、客户名称、合同内容、合同履行的时间、履行期间的困难、合同履行的启示、合同履约总体评价等情况，为后期类似合同风险的防范提供借鉴。

7.5 补充协议

原合同内签订补充协议

1）出现下列情况之一时，在符合合同约定及国家、行业主管部门的相关法律法规及相关管理机构制度且各项审批手续完备的前提下，可签订补充协议：

①合同中工程量变化引起费用增减；

②合同适用条件变化造成实施难度增减引起费用增减；

③原合同条款欠完善，或存在歧义时；

④因其他原因需合同双方重新协商时。

2）合同当事人就补充协议主要事项协商一致时，建设单位起草补充协议说明文件，重要事宜需先行咨询法律顾问对变更事项的经济性、可能导致的法律风险进行评估并出具书面意见，报分管领导审议，审议通过后按照相应的决策程序进行合同呈批流程工作。

7.6 项目合同争议处理

由于建设工程合同履行周期较长，涉及法律关系多，很容易造成各种各样的合同争议。对于建设工程合同来说，合同争议的标的往往金额巨大。因此合同争议是否能及时和恰当地解决，直接关系到合同双方的经济利益，决定着建设工程合同目的能否最终实现。

合同双方应首先通过友好协商，解决在合同执行中所发生的或合同有关的一切争端。若协商不成，一方可向合同履行地人民法院提起诉讼。

协商主要包括和解和调解，即在合同当事人发生争议后，自愿或在第三人主持下，根据事实和法律，互谅互让，自愿达成协议，从而公平、合理地解决纠纷的一种方式。合同履行过程中发生对方不履行或履行不全面、不适当及其他违约事项或纠纷时，建设单位应及时就前述事项与对方当事人进行协商，达成一致意见的，应签订书面协议予以确认，协商不能达成一致时，按照法律法规、政策文件及机构内制度，形成处理意见予以实施。

另一种争议解决方式就是合同当事人通过向合同履行地人民法院提起民事诉讼。涉及法律诉讼时，建设单位应及时向其聘请的法律事务组报告相关情况，建设单位法律事务组负责全程参与合同争议的处理工作。

7.7 履约评价

7.7.1 合同履约评价

为加强对承包单位的管理，增强承包单位的工作积极性，建设工程施工、监理、设计、造价咨询、全过程咨询等合同，均应实行履约评价。履约评价以国家、省、市、区有关法律、法规及地方规定，合同相关条款等为依据，坚持客观公正、实事求是的评价原则，全面真实反映合同单位的履约情况。

建设单位需加强对前期设计等技术服务单位的监督管理，对于因组织不力、管理混乱、投入不足等导致进度缓慢的单位，应及时提出批评、警告，情节严重的应根据合同及相关规定给予记不良行为记录等处罚，并作为履约评价的依据之一。

履约评价等级可分为优秀、良好、中等、合格、不合格五个等级。当得分率大于或等于90%时为优秀；当得分率大于或等于80%，小于90%时为良好；当得分率大于或等于70%，小于80%时为中等；当得分率大于或等于60%，小于70%时为合格；当得分率低于60%时为不合格。

7.7.2 前期咨询单位的考评重点

1）工作质量，主要包括但不限于：咨询成果质量、工作时效、对建设单位要求的响应速度、向建设单位提出的合理化建议的数量及质量、市场数据的分析等。

2）人员专业素质，主要包括但不限于：项目负责人的专业知识掌握情况及资质水平、项目其他人员的专业知识掌握情况、项目成员的职业道德情况。

3）协助与配合情况，主要包括但不限于：对各相关单位诉求的响应情况、总公司对派驻项目组的支持情况。

7.7.3　评价结果处理

（1）履约评价"优秀"

年度及最终履约评价优秀或按合同类型年度履约评价结果排名前三名的履约单位，经公示后，发文通报表扬。

（2）履约评价"不合格"

季度、年度履约评价"不合格"，视情形给予履约单位书面警告，或书面严重警告，或约谈企业法人，或提请行业主管部门处罚。

第 8 章 Chapter 8
医疗建筑前期投资管理

8.1　综述

8.1.1　前期阶段投资管理范围

建设项目投资管理前期阶段范围自市政府发展和改革部门下达首次前期费用、或完成项目接收开始，至初步设计概算批复止，包括可行性研究、方案设计、初步设计三个阶段的投资管理。

8.1.2　前期阶段投资管理目标

投资控制的总目标，是合理确定及有效控制医院工程造价，防止"三超"（超投资、超规模、超标准）现象的发生，以设计阶段为重点进行医院项目全过程的造价控制。

科学合理确定投资估算，通过限额设计，控制初步设计概算申报不超批准的投资估算的10%，施工图预算不超批准的初步设计概算。经发改部门或者其他有关部门核定的投资概算是控制项目实施阶段的工程造价（包括施工图设计阶段、施工阶段等）总投资的依据。同时规范项目建设资金计划、使用、审核等行为。

8.1.3　前期阶段投资管理内容

以项目立项文件确定的投资匡算为基础，由项目可行性研究报告编制、方案设计和初步设计三个阶段开展投资管理，主要以积极的成本计划思想综合分析项目的估算及概算经济目标，对项目进行多方案的技术经济分析的经济评价，达到合理的投资管理。

8.1.4　项目前期投资管理责任分工

政府投资项目建设管理机构分管领导是投资控制的总责任人，项目负责人是投资控制的责任人，项目造价工程师是项目工程造价的责任人，项目组专业工程师是各分项（单位工程、专业工程）的工程造价责任人。全过程工程咨询单位、全过程造价咨询单位、可行性研究单位、可行性研究报告评审单位分别按合同约定履行投资管理责任。

8.2　关键措施

8.2.1　内部管理

工程管理部、合同预算部是项目管理的主体责任部门，应切实履行主体责任，对项目建设投资控制负责。各直属单位应加强内部监管，严格审核估算、概算，提高工程造价质量，确保工程造价文件真实、合理、准确。

8.2.2　静态投资动态管理

在进行前期投资管理的过程中要实行静态投资动态管理的方法，投资的过程是随时变化的，不可能保持稳定状态，可能因为各种原因而发生变动，这个时候就需要我们实行动态的管理方法，控制管理好投资，做到不随意减少投资，更不随意增加投资。

8.2.3　设计单位投资控制

项目设计直接的影响了项目的投资，决定了项目建成后的使用价值和经济效应，在项目投资管理过程中，设计的各阶段均需要进行限额设计，方案或初步设计依照发改部门批复可行性研究报告中的建安投资作为限额设计的依据，施工图设计以批复概算的建安工程费作为限额设计的依据。选择合适的设计方案，确保项目满足使用要求的同时还能够做到设计概算不超估算。

8.2.4　移交资料分析

项目完成立项批复或首次前期经费文件（含资金申请报告批复文件）下达，发改部门需进行项目接收，主要是对项目资料的接收以及完成初步设计后的项目资料移交。造价工程师在资料移交前需要对移交的投资管理资料进行分析审核，确保无误。

8.2.5　组织投资调研

在前期的投资管理中，需要进行有关的工作调研，从各个方面投入到市场的调查与预测中，比如市场的供应情况、需求状况、国内外的市场价格以及企业的核心竞争力等，以及首次的经费下达及使用情况、编制咨询成果所需基础资料和投资各阶段所需要的经济指标情况和经济指标情况调研方法等。

8.2.6　可行性研究投资估算编制

通过委托可行性研究单位来编制可研方案，可行性研究阶段主要的投资管理工作是编制投资估算，参考有关的规定以及有关的投资估算指标和参数，使用有效的编制方法编制出合理的投资估算文件。

8.2.7　投资估算评审

编制完成的可行性研究文件需要委托可行性研究评审单位进行评审，主要评审投资估算的编制内容中是否已经明确了项目的建设规模、技术方案、设备方案、工程方案以及项目实施进度等，确保估算的工程内容和费用构成齐全，计算合理，估算的深度和准确度已经达到当时的阶段性要求。

对经济社会发展、社会公众利益有重大影响或者投资规模较大的政府投资项目，可组织公众参与、专家进行预评审和风险评估。

在进行投资估算评审的过程中，相关造价咨询单位和咨询管理单位等参加投资估算的评审。

8.2.8 初步设计概算编制

通过委托概算编制单位编制初步设计概算，编制单位以批准的投资估算作为项目投资概算的最高限额，不得随意突破。

8.2.9 初步设计概算评审

初步设计概算在评审的过程中主要审查设计概算的编制依据、编制深度、编制范围以及概算的内容，比如投资规模、生产能力、设计标准、建设用地、建筑面积、主要设备、配套工程、设计定员等等这些是否符合原批准可行性研究报告或者立项批文的标准，概算中的计价指标是否合理，费用的计算是否正确，所选用的设备规格数量配置是否符合设计的要求，价格是否合理等。

8.2.10 发展改革部门沟通

在前期投资管理阶段，需要和发改部门进行多次沟通交流，在编制估算阶段科研单位需要和发展改革部门进行沟通，明确项目的建设规模、技术方案、设备方案及工程方案等。

在概算编制阶段需要向发改部门及使用单位进行沟通汇报，主要是对于项目的概况、定位、特点以及与概算编制相关的设计内容，包括相关建筑、结构、电气、暖通和给水排水等新工艺、新技术和新设备等。

最后在进行可研估算和初设概算的汇报中，也要根据项目建设概况结合投资情况、可研与概算对比分析等方面进行介绍和汇报。

8.2.11 投资数据库运用

在项目前期投资管理的过程中，会进行大量的市场调研，以及估算和概算的编制过程中会参考大量的经济技术指标和参数，所以可以建立项目前期投资管理数据库，数据库根据不同的项目类型、投资规模、主要设备等分类，作为投资管理的参考数据，大量的数据分析和指标分析能够使项目前期的投资管理更加准确和完善。

8.2.12　制定建设项目年度投资计划

可行性研究报告已经批准或者投资概算已经核定的建设项目，应编制项目年度投资计划，计划应满足项目实施的进度对资金使用需求，确保项目顺利实施。

8.2.13　投资管理原则

在进行投资管理的过程中，各参与单位必须坚持公开、公平、公正、诚信、透明的原则，严格遵守法律法规和相关政策以及廉政建设的各项规定。

8.2.14　前期投资管理考核

在前期投资管理结束后，应该对于项目前期投资的组成进行简单的介绍，并对前期投资管理过程中的成绩和失误进行总结和评价，了解投资过程的变动情况，研究引起投资变动的因素，总结出投资管理的经验手册，并参照得出的总结和评价，进行后期风险预估。

8.3　项目前期阶段投资管理要点

8.3.1　方案设计与可行性研究（估算）阶段

（1）投资估算编制依据

主要业务工作是协助使用单位委托或根据项目移交界面委托可行性研究单位，对拟建项目在技术和经济上是否可行进行分析论证和评价，组织可研编制单位编制投资估算，收集和研究类似项目经济指标等基础资料，投资估算审核和组织评审，在项目可研申报后积极与发展改革部门沟通，完成可行性研究报告批复和可研修编（如有）。

（2）设计方案比选指标体系

进行投资估算编制时首先要进行设计方案比选，主要是针对投资中的选材、建设规模、建设标准、经济技术指标、建筑结构类型、机电系统的设计等，兼顾建设和使用，考虑全过程的费用，完成设计方案比选。

设计方案比选的时候可以根据不同的建筑类型参考不同指标体系进行。比如工业建筑设计可以参考建筑密度、土地利用系数、企业经营条件指标等；民用建筑可以参考公共建筑指标和居住建筑指标，类似于用地指标、密度指标、建设成本指标等。

（3）方案与可研估算编制方法

设计方案比选方法主要有计算费用法（最小费用法）、多指标评价法和价值工程方法。最小费用法又可以分为静态和动态方法，指的是在多个设计方案功能相同的情况下，项目的整个寿命周期内费用最低的作为最优方案。多指标评价法又分为多指标对比法和评分评价法，是国内最常用的方法，通过多方面的指标进行对比分析，根据指标的高低，从中选择最优方案。价值工程方法是研究建筑方案如何以最优的投资、资源投入和时间来获得必要功能的技术经济分析方法，主要强调项目的功能分析和功能改进。完成方案比选后再进行投资估算编制，编制的投资估算要满足可研批复的使用功能、建筑面积和投资额度等。

投资估算方法主要包括简单估算法和分类估算法。简单估算方法分为单位生产能力估算法、生产能力指数法、比例估算法、系数估算法和指标估算法等，都是以已建项目或者拟建项目的作为基础，参考一定的投资额、生产能力、费用指数等进行的估算。

（4）投资估算审核

可行性研究报告包括拟建项目的建设规模、建设内容、建设标准、投资估算等。投资估算审核需要全过程咨询单位、全过程造价咨询等第三方单位参与评审，主要进行建设方案的比选，以及建设的规模等指标和参数的审核。其中，投资估算的工程内容和费用构成应当齐全，计算合理，不提高或者降低估算标准，不重复计算或者漏项少算，其准确度应能够满足建设项目决策分析与评价不同阶段的要求。

（5）投资估算报批

投资估算进行审批时应当对需要进行审批的资料进行整理，审批时应当主要针对估算中的项目建设规模、技术方案、设备方案、工程方案等进行汇报，投资估算的内容在发改部门的审批（评审）过程中出现的问题应及时向项目负责人、项目分管领导汇报。可行性研究报告批复后，应将批复文件按相关规定上传至项目管理平台（或档案管理平台）。

8.3.2　初步设计（概算）阶段

（1）投资概算成本规划

投资概算主要业务工作包括投资估算拆分并确定初步设计限额、配合组织初步设计阶段技术方案论证、材料设备选型、督促设计单位编制初步设计概算、实施重要材料设备询价定价，组织概算审查。

在编制建设项目设计阶段的方案设计和初步设计时，设计单位依据批复的可行性研究报告和投资估算进行方案设计和初步设计，并委托造价咨询单位编制项目设计总概算，设计总概算应当包括项目建设所需的全部费用。初步设计应当明确项目的建设内容、建设规模、建设标准、用地规模、主要材料、设备规格和技术参数，并达到国家规定的深度。

（2）概算编制要求

概算编制要求：特殊建筑需求和（或）专业设备参数不满足定价和询价时，可采用参考类似项目指标、厂商报价等方法确定工程费用。

（3）投资概算编制方法

项目总概算编制内容包括编制说明、土建工程、安装工程、室外配套工程、其他工程、工程建设其他费、预备费等内容，概算根据单位工程初步设计阶段（或扩大初步设计阶段）的设计图纸、概算指标或概算定额、取费规则等有关的技术资料编制的单位工程建设造价文件测算项目概算总投资。

对于项目申报的概算总投资在经批准的可行性研究报告批复的投资估算范围以内，建设内容及规模与可行性研究报告批复范围基本一致的，实行告知性备案。对于申报的概算超过经批准的可行性研究报告批复的投资估算 10% 的，应及时向项目负责人、项目分管领导汇报决策，根据决策意见向发改部门提前沟通，发改部门可能要求可研修编。对于申报的概算超过经批准的可行性研究报告批复的投资估算 20% 的，应启动可研修编。

（4）投资概算成本控制措施

通过使用限额设计的方法，按照批准的设计任务书和投资估算来控制初步设计，从而达到投资概算成本的控制。

项目概算一经批复，必须严格按批复的建设内容执行，不得擅自调整建设规模、标准和建设内容，以确保项目总投资控制在批复概算内。

（5）投资概算的审核

初步设计概算编制完成后，在报送发改部门审批前，应委托造价咨询单位对设计概算进行复核，项目组也应对初步设计概算进行审查，必要时应组织召开专家预评审会（包括外请专家）。在参考同类工程经济指标的同时充分考虑项目特点，确保设计概算全面、合理、准确。

在初步设计阶段使用单位仍未明确需求或建设标准、建设内容的专业工程或单体工程等，应协调使用单位共同取得发改部门同意分阶段申报概算，并在概算申报材料中予以说明。

（6）投资概算的报批

初步设计概算报送发改部门后，项目组应与评审部门进行沟通、协调，力争确保评审结果的合理性，对涉及较大费用调整时，协调设计单位分析经济指标差异，协调使用单位配合沟通。

取得概算批复后，造价工程师组织设计单位（含概算编制单位）、造价咨询单位围绕概算批复的项目总投资，结合发展改革部门及其评审中心过程沟通内容，与申报的项目总投资完成对比分析。

8.3.3 招标采购阶段

（1）招标文件中的投资控制要求

1）在招标文件中约定招标范围、工作界面、量、价的风险范围、主要材料/设备的供应方式及计价方式、暂估价、暂列金及包干价的结算方式。

2）合理确定材料/设备价格，在招标文件中明确品牌、规格和技术要求。

3）工程量清单编制、控制价编制应与招标文件的相关条款一致。

4）招标文件评标办法。制定商务标评标办法主要应考虑三个方面的问题：

①评定标办法应有效防范投标单位相互串通、高价围标。

②有效防范投标单位低于成本价、恶意竞标。

③有效抑制投标单位的不平衡报价策略。

5）合同类型确定及合同条款的拟定。

①合同类型的确定。工程建设项目施工合同类型的选择依据其计价方式的不同分为总价合同、固定综合单价合同。

②合同条款的选用。对合同中涉及工程价款支付条款、调整价格条款、变更条款、竣工结算条款、索赔条款等内容应详细审查，防范、转移或化解合同风险。

a. 合同条款工程价款分期支付建议采用以下两种方式（具体可按实际情况采用）。

按月计量支付：按月计量支付通常的操作程序是每月按合同约定日期由承包单位上报完成工程量，经建设单位、全过程咨询单位、造价咨询等各方共同认证后按已完部分工作量支付工程款。

按形象进度里程碑节点计量支付：按工程进度计划设置里程碑控制点（如主体结构工程、幕墙系统工程等）。

b. 在合同条款中必须明确安全防护、文明施工措施项目总费用，以及费用预付、支付计划，使用要求、调整方式等条款。

在合同条款中必须对安全防护、文明施工措施费用预付、支付计划进行约定。

合同工期在一年以内的，建设单位预付安全防护、文明施工措施项目费用不得低于该费用总额的50%；合同工期在一年以上的（含一年），预付安全防护、文明施工措施费用不得低于该费用总额的 30%，其余费用应当按照施工进度支付。

实行工程总承包的，总承包单位依法将建筑工程分包给其他单位的，总承包单位与分包单位应当在分包合同中明确安全防护、文明施工措施费用由总承包单位统一管理，安全防护、文明施工措施由分包单位实施的，由分包单位提出专项安全防护措施及施工方案，经总承包单位批准后及时支付所需费用。

对总包管理费的支付，实行总承包管理的，在每期中间支付时，根据实际配合情况支付相应的总包服务费或配合费。

c. 合同条款法律法规和物价波动引起的价格调整。

法律法规引起的价格调整，指合同签订日后法律法规变化引起的工程费用发生增减时，合同有约定的按合同约定执行；合同没有明确约定的，由造价人员、合同当事人协商确定并经建设单位批准后确定。

物价波动引起的价格调整，有两种调整方式。即按价格指数调整，或是按造价信息调整。

协助建设单位在专用合同条款中明确详细的调值公式，价格信息来源，调价周期，需调整的主要材料种类等。

协助建设单位与承包单位在合同中约定调整因素，即设定主要材料价格涨（跌）幅超过 ±5% 的风险幅度范围，超过部分扣除合同中风险比例后进行调整，或工程造价管理机构有调价文件时，按调价文件规定调整等。

调整价款支付时间可以与工程进度款同期支付，也可以竣工后一次支付，支付时间应在合同中明确约定。

d. 合同中变更条款（变更、索赔及现场签证），在拟定合同条款时，应明确变更条款（变更、索赔及现场签证）计价方式。其中变更的计价应遵循以下原则：

· 已标价的工程量清单有适用于变更工程（变更、索赔及现场签证）项目的，应采用该项目的单价。

· 已标价的工程量清单中没有适用于但有类似变更工程（变更、索赔及现场签证）项目的，可在合理范围内参照类似项目的单价。

· 已标价的工程量清单中没有适用也没有类似变更工程（变更、索赔及现场签证）项目单价的，应由承包商根据变更工程资料、计量规则和计价办法、工程造价管理机构发布的信息价格和承包人报价浮动比率提出变更工程项目的单价，并应报发包人确认后调整。

· 已标价的工程量清单中没有适用也没有类似变更工程（变更、索赔及现场签证）项目，且工程造价管理机构发布的信息价格缺失的，应由承包商根据变更工程资料、计量规则和计价办法和通过建设、项目管理、造价咨询等单位进行市场调查，取得合法依据的市场价格提出变更工程项目的单价，并应报发包人确认后调整。

e. 工程变更引起施工方案改变并使措施项目发生变化时，如果承包人未事先将拟实施的方案提交给发包人确认，则应视为工程变更不引起措施项目费的调整或承包人放弃调整措施项目费的权利。承包人提出调整措施项目费的，应事先将拟实施的方案提交发包人确认，并应详细说明与原措施项目相比的变化情况。拟实施方案经发承包双方确认后执行，并应按下列规定调整措施项目费：

·安全文明施工费应按照实际发生变化的措施项目，按国家、省级、行业建设主管部门的规定计算。

·采用单价计算的措施项目费，应按照实际发生变化的措施项目，按照本节"变更的计价应遵循原则"确定单价。

·按照总价（系数）计算的措施项目费，按照实际发生变化的措施项目调整，但应考虑承包人报价浮动因素，以及调整金额按照实际调整金额乘以本节"变更的计价应遵循原则"规定的承包人报价浮动率计算。

f. 工程量清单缺项

合同履行期间，由于招标工程量清单缺项，新增分部分项工程量清单项目的，应按照本节第"d"条规定确定单价，并调整合同价款。

新增分部分项工程量清单项目后，引起措施项目发生变化的，应按照本节第"e"条规定，在承包人提交的实施方案被发包人批准后调整合同价款。

由于招标工程量清单中措施项目缺项，承包人应将新增措施项目实施方案提交发包人批准后，按照本节第"d""e"条规定调整合同价款。

g. 发生合同工程工期延误的，应按照下列规定确定合同履行期间的价格调整。

因非承包人原因导致工期延误的，计划进度日期后续工程的价格，应采用计划进度与实际进度日期两者的高者。

因承包人原因导致工期延误的，计划进度日期后续工程的价格，应采用计划进度与实际进度日期两者的低者。

（2）清单及招标控制价编制要求

1）准确把握清单及招标控制价编制及审核的工作量：统筹安排建筑、装饰、医疗工艺、给水排水、消防、通风空调、电气、弱电等各专业工程造价人员，保证满足清单及招标控制价的编制进度满足招标工作的时间要求。

2）保证清单及招标控制价编制的质量要求。

①正确理解图纸设计要求，技术要求、准确把握清单编制规范及相应计价要求，

严格保证清单及招标控制价的编制质量。

②注意清单项目的特征描述。

a. 按照《建设工程工程量清单计价规范》GB 50200 要求，清单项目特征描述必须与图纸内容相符，体现设计要求。

b. 清单项目特征必须全面准确，清单项目特征中必须清楚描述的内容分为四方面：

·涉及正确计量和计价的内容必须描述。

·涉及结构要求的必须描述。

·涉及材质要求的内容必须描述。

·涉及安装方式的内容必须描述。

③清单中要有详尽的编制说明：在工程量清单的编制及招标控制价的确定过程中，造价专业人员应做到以下几点：

a. 造价文件初稿编制完成后，应经过审核与审定两道程序才能出具最终造价文件。

b. 造价文件的审核必须采用全面审查法，也就是按照清单顺序或是施工的先后顺序逐一地全部进行审查，具体内容如下：

·审查编制依据的合法性、有效性，工程项目清单无漏项、专业工程间无重复计算项，工程量计算准确。

·招标控制价审核，审查定额套用正确性，主要材料市场价格合理性，同时必须结合工程项目自身的技术特性，考虑施工现场实际情况，并根据合理的施工组织设计编制。

·造价文件的最终审定可以根据工程项目的实际情况采用分组审查法，对比审查法，筛选审查法，重点审查法，或是几种方法结合使用，但不管使用何种方法，一定要考核其主要材料的平方米用量，包括混凝土、钢筋等，超出合理范围应交咨询成果原编制人员修改，修改后进行复核。

·造价文件的最终审定出具文件前应核算其单项工程平方米造价的合理性及各专业工程间平方米造价的均衡性。

8.4　项目前期投资控制的手段

8.4.1　加强对勘察、设计单位及其成果的管理

医疗项目体量较大、专业多、使用功能多，其中医疗工艺、绿化、幕墙、装修、智能化等设计大多需要二次设计或者进行优化、细化设计，当设计图纸不能及时提供时，不仅对工程进度会造成影响，同时也会使现场增加额外费用而产生费用索赔。为此，

应做好几方面内容：

1）协助建设方优选勘察和设计单位。通过设计招标，选择最优的设计方案。促使设计单位改进管理，采用先进技术，降低工程造价，缩短工期，提高投资效益。

2）在设计招标文件中对降低工程造价要有明确要求，有相应的降低工程造价的具体措施。在签订设计合同时，要有专项条款写明控制投资的要求。

3）根据投资规模，确定建设标准，确保设计按照工程建设标准规范和标准设计进行设计。

4）通过技术经济分析，确定工程造价的影响因素，提出降低造价的措施。

5）对工程项目重要部位、设计方案进行技术经济比较，通过比较寻求在设计上挖潜的可能性，控制项目投资。

6）运用价值工程进行设计方案的选择，优化工程设计，争取以最低的总成本，可靠地实现建设产品的必要功能。

7）采用限额设计，将工程投资科学地分配与各专业各单位工程和各分部在各专业达到使用功能的前提下，按分配的限额控制设计，严格控制施工图设计的不合理变更，保证总投资额不被突破。

8）采用控制项目投资和节约费用时，运用现代管理手段，做好与设计人员之间的协调工作，激励设计人员对控制投资的主动性。

8.4.2　对设计概算（预算）的审查手段

对设计概算（预算）的审查采取分阶段、分专业会审与总体会审相结合的方式进行。

对设计概算的预估和审核，参照同类型相邻地块项目所统计出的数据和指标，整理出包括土建工程、外墙装饰、医疗专项工程、设备安装工程、室外工程及辅助工程等有关数据和指标，提供给业主参考选用，协助业主确定限额设计的比例和投资限额。审核设计概算时，除项目造价工程师参加外，必要时组织有关专家进行审核，确保将设计概算控制在经济合理、准确、完整的范围内。

设计概算的控制是整个项目投资控制的重点和关键，设计概算控制得好，将来工程投资的浮动也就小。为有效控制本阶段工程造价，促进设计方案技术先进、经济适用，项目管理部将组织专门审查班子，按照专业划分若干小组，采取先分专业审查、再集中起来进行各专业的阶段性会审的方式开展工作。

8.4.3　确定概算审查的重点内容，严把材料、设备限额采购关

概算审查的重点内容包括：

1）审查编制依据的合法性、时效性、完整性及适用范围；

2）审查概算编制依据的准确性，核对是否有错算、多算、漏算等；

3）审查概算文件组成的有效性；

4）审查总体布局和工艺流程的合理性；

5）审查投资效益的优劣性；

6）审查"三废"治理等项目的可行性；

7）审查概算单位造价和各项技术经济指标的符合性；

8）审查概算费用构成的完整性。

材料设备限额选用。要求采购工作纳入设计程序过程中，参加采购谈判工作和协助签订技术协议，了解设备材料价格是否在概算范围内，以实现限额采购。

严格控制设备材料的选用和代用。依据项目需求书和方案设计的精神，严格控制设备材料的选用，如果材料订货由国内改国外，设备选型由低到高，材料等级由低到高，或设备材料的代用，设计管理将综合分析其合理性和对设计限额的影响程度，提交变更报告书给业主审批。

8.5　项目前期投资管理资料收集

8.5.1　建立项目投资信息管理系统

招标合约部根据国家和深圳当地档案资料管理法规及工程实际情况，确定信息源、信息内容、信息形式、信息时效及信息流程，建立信息管理系统。

8.5.2　项目前期投资信息收集

根据工程项目管理的各阶段信息特点，本项目投资管理按不同阶段进行信息整理。

（1）前期阶段收集

前期阶段收集的资料主要包括：

1）项目相关市场方面的信息；

2）如项目投入使用后的市场运营预测、社会需求等；

3）项目资源方面的信息，如资金、劳动力、水、电、气供应等；

4）自然环境相关方面的信息，如城市交通、运输、气象、地质等；

5）新技术、新设备、新工艺、新材料，专业配套能力方面的信息；

6）政治环境，社会治安状况，广东省、深圳市的地方法律、政策等。

（2）设计阶段收集

设计阶段收集的资料主要包括：

1）可行性研究报告，前期相关文件资料，存在的疑点和建设单位的意图，建设单位前期准备和项目审批完成的情况；

2）同类工程相关信息；

3）工程所在地相关水文地质、交通等信息；

4）勘察、测量、设计单位相关信息；

5）工程所在地政府政策、法律、法规、规范、环保政策、政府服务和限制等；

6）设计中的设计进度计划，设计质量保证体系，设计合同执行情况等。

8.6　项目前期投资管理的工作程序

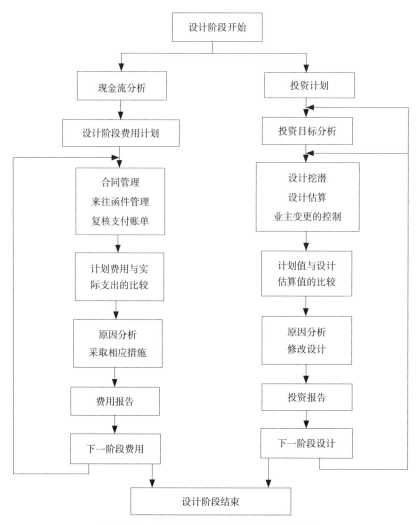

图 8-1　设计阶段投资管理的工作流程图

8.7　总结

每个项目的前期投资管理结束后，根据项目前期的投资管理成果需要完成项目前期投资管理总结，总结内容主要对前期关于本项目是否完成了各阶段投资管理的指标要求，技术是否符合要求，前期投资是否出现超概算，前期投资管理中出现了什么问题，是如何解决，如何处理的，以及对于存在的问题有什么建议，投资管理的经验分享等。

第9章 Chapter 9
医疗建筑前期信息与档案管理

9.1　综述

项目信息是指报告、数据、计划、技术文件、会议等与项目实施直接或间接联系的各种信息。项目信息在整个项目实施过程中起着非常重要的作用，收集到项目信息是否正确、能否及时传递给项目利益相关者，将决定项目的成败。因此，一个项目要想顺利地进行下去，就需要对项目信息进行系统科学的管理。

信息管理是指对项目信息的收集、整理、处理、存储、传递与应用等一系列工作的总称，也就是把项目信息作为项目管理对象进行管理。项目信息管理的目的就是根据项目信息的特点，有计划地组织信息沟通，以保持决策者能及时、准确地获得相应的信息。为了达到信息管理的目的，就要把握信息管理的各个环节。

前期信息管理主要工作是对前期工作中的各类信息资料进行收集、分类、汇总、存档，整理、加工，调用、分析、交流。

通过对信息与档案分类、整理，进行收集归档，使收集各类信息资源有更高的效率和更好的效果。

9.2　前期信息管理分类及内容

9.2.1　分类

前期信息按照属性分类，可以分为需求信息、技术信息、报批信息和招标信息；

按照对象分类，可以分为工务机构内部管理信息、使用单位的信息、合同单位信息、审批部门信息和公众信息；

按照进展阶段可以分为项目前期阶段信息和项目实施阶段信息；

按照材质又可以分为纸质信息和电子信息（包括 BIM 模型）。

9.2.2　前期信息管理的具体内容

1）对项目的调查信息：包括踏勘现场、项目考察、分析自然条件等；

2）前期工作进度计划、月（季度）进度报告、工程简报；

3）报批报建文件、批复文件等；

4）合同单位的工作指令：设计、勘察、环评、审查等；

5）使用单位的来往文件：包括设计需求文件（如设计任务书）、使用单位对各个阶段成果的确认文件等；

6）政府会议纪要、通知、政府各职能部门的规范性文件；

7）项目的投资计划、可研批复文件、概算批复文件；

8）合同单位的成果文件（包括设计图纸、BIM 模型等）；

9）各项前期费用支付表等；

10）招标投标文件、各项合同；

11）工作例会、记录（纪要）。

9.3　管理职责

9.3.1　项目负责人

负责项目建设过程中档案管理工作的组织与协调。根据有关规定，落实档案管理人员；制定并落实项目工程档案管理措施；负责建设项目工程资料管理的领导工作，督促各相关责任人完成对该项目工程资料的收集、整理、归档及移交工作。

9.3.2　专业工程师

负责督促本专业参建单位及时办理相关文件，审核、收集、保存，确保本专业文件完整、准确、真实，并定期向项目资料员移交；

负责本专业前期阶段现场情况的记录、整理和保存；负责施工阶段设计变更的跟进和记录；并定期向项目资料员移交。

9.3.3　资料员

根据市城建档案馆的规定及档案室的要求，负责工程施工许可证下发之前信息与档案（含照片、录像、电子文件等）的收集、保存和归档；负责施工过程中设计变更信息的记录。

在档案室及相关规定的指导下办理使用单位档案与信息资料的接收。

9.4　管理要求

及时性：对于已完成的各项目阶段所涉及的相关资料，各项目负责人需督促资料相关人员及时将电子版资料上传至资料管理平台存档，文本形式的档案需向档案室进行移交归档；

真实性：要求内容必须真实，不得弄虚作假，不得擅自涂改原始记录，能够反映

项目实际情况;

准确性:各项目各专业负责人需确定至资料管理平台的电子版存档资料为各项目各阶段的最终版本,对于过程中有价值的过程文件需存档,文本形式也同样原则。

系统性:因各项目情况有所不同,当资料平台相应模块分类不能满足该项目资料存档要求时,应及时与部门负责人提出并协调解决,根据项目实际分期情况进行调整,确保各项目各设计阶段资料存档的完整性。要求工程资料既能反映工作全过程,又能反映工作的连续性、系统性。

9.5 管理流程

9.5.1 信息与档案收集

项目接收:按档案室规定及项目接收相关要求接收使用单位信息与档案;

前期阶段:按档案室规定及相关要求收集项目使用单位、审批单位、参建单位相关信息与档案;

施工阶段:记录收集设计变更信息。

9.5.2 文件整理

在收集工程资料后,需整理分类明确,题名清晰,检查成果性文件是否加盖红章,必须认真履行签收和检查手续,并做好保存工作。

9.6 管理范围

9.6.1 报建审批类

报建审批类档案按前期工作进度进行归档,含建设项目前期准备阶段产生的文件,以概算批复为界限,分为项目建议书阶段、可研阶段、方案设计阶段。

9.6.2 设计成果类

从项目立项到施工许可证下发过程中,产生的设计文件、设计变更、图纸等,含方案设计阶段、初步设计阶段、施工图设计阶段。

9.6.3 招标投标、合同

招标投标与合同档案,含单个合同事项从事项发起到招标完成直至合同签订过程中形成的所有文件，包括招标投标过程产生的文件、中标通知书文件、合同文件等。

9.6.4 结（决）算和审计文件

收集、整理工程预（结、决）算相关文件，并将实体文件移交至档案室归档保管。

9.6.5 实物

实物类档案是指项目上获得的荣誉证书类、物证类、设计类实体以及其他具有保存价值的实物。

荣誉证书类：项目获得的奖牌、证书、奖杯、奖状等荣誉证明。

物证类：反映项目重大活动、重大事件的有纪念和凭证作用的物品。

设计类实体：设计模型、沙盘等项目建设过程中产生的物品。

其他有保存价值的实物。

9.7 档案信息的编码要求

9.7.1 档案编码的总体要求

1）按照工程进行组织，同一工程按照投资、进度、质量、合同的角度组织，各类进一步按照具体情况细化；

2）文件名规范化，以定长的字符串作为文件名；

3）各建设方协调统一存储方式，尽量采用统一代码；

4）通过网络数据库形式存储数据，达到建设各方数据共享，减少数据冗余，保证数据的唯一性。

9.7.2 文件编码系统

（1）信息文件的编码格式

建筑物代码：

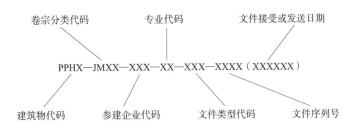

以坪山区人民医院迁址重建项目（Pingshan People's Hospital）为例，项目名称编码为 PPH；X：为建筑物代码数字。

卷宗分类代码 JMXX：JM 表示卷宗目录；XX 为数字，代表不同的卷宗分类。

文件序列号：按文件类型，从 0001 起始，顺序增加，数字编号长度为 4 位。

版本号：方案设计版本采用 F01、F02 等；初步设计版本采用 C01、C02 等；施工图设计版本采用 S01、S02 等；竣工图版本采用 J01、J02 等。

文件接受或发出日期：XXXXXX 分别用两位数字表示年、月、日，例如 2019 年 2 月 1 日表示 190201。

（2）建筑物代码（表 9-1）

建筑物代码　　　　　　　　　　　　　　　　　　　　　表 9-1

代码	中文描述
0	适用所有建筑，指整个工程
1	适用门急诊楼
2	适用医技综合楼
3	适用 1 号病房楼或内科病房楼
4	适用 2 号病房楼或外科病房楼
5	适用其他病房楼
6	适用行政办公楼
7	适用后勤保障楼
8	适用科研教培楼
9	室外工程
此表根据项目实际情况更新	

（3）卷宗分类代码（表 9-2）

卷宗分类代码　　　　　　　　　　　　　　　　　　　　表 9-2

代码	中文描述	说明
JM01	与政府部门的往来文件	建设单位与相关政府部门的各种往来文件，包括各类批文、证书等。
JM02	设计文件	包括项目规范、图纸、材料清单等
JM03	招标投标文件（包括合同）	包括招标投标文件、资格预审文件和投标书、合同等
JM04	成本及财务文件	包括项目预算、成本报告、付款申请、结算、决算等
JM05	项目指令	建设单位或全过程工程咨询单位发给各承包单位的工作指令
JM06	项目变更	设计、施工及费用变更的文件
JM07	往来信函	建设单位或全过程工程咨询单位与项目建设各参与单位的往来信函、包括传真、信件、电子邮件等

代码	中文描述	说明
JM08	会议纪要	各类会议邀请、签到表、会议纪要等
JM09	报告	项目规划文件、计划、各类项目管理报告、照片视频影像资料等
JM10	其他	以上九卷以外的其他项目文件
	此表根据项目实际情况对需单独进行卷宗分类的文件进行更新	

（4）政府部门代码（表9-3）

政府部门代码 表9-3

代码	中文描述
WJJ	卫生健康局
GHJ	规划局
ZJJ	质监局
HBJ	环保局
GAJ	公安局
AJJ	安监局
GDG	供电公司
DXG	电信公司
YDG	移动公司
LTG	联通公司
GSG	供水公司
RQG	燃气公司
QTB	其他政府部门
	此表根据项目实际情况更新

（5）参建企业代码（表9-4）

参建企业代码 表9-4

代码	中文描述
JSD	建设单位
QGC	全过程工程咨询
KCD	勘察单位
SJD	设计单位
……	……
	此表根据项目实际情况更新

（6）专业代码（表9-5）

专业代码   表9-5

代码	中文描述
GN	通用，适用于各专业
ZT	总图
JZ	建筑
JG	结构
RF	人防
TJ	土建
ZS	装饰
DQ	电气
MQ	幕墙
XF	消防
RQ	燃气
WH	危化（危险化学品）
NT	暖通
YB	仪表
SW	室外工程
LH	园林绿化
YG	医疗工艺
TX	通信
GP	给水排水
LJ	绿色建筑
ZN	智能化

此表根据项目实际情况更新

（7）文件类型代码（表9-6）

文件类型代码   表9-6

代码	中文描述
TZ	图纸
SBQD	设备清单
CLQD	材料清单
MX	模型
GF	规范
BWL	项目重要事项备忘录

续表

代码	中文描述
ZXJH	项目执行计划
GLCX	项目管理程序
XMYB	项目月报
ZLJH	项目质量计划
ZJJH	资金使用计划
GLZL	项目管理指令
XMZB	项目周报
JDJH	进度计划
JSD	技术联系单
PBJL	评标记录
HT	合同
ZBTZ	中标通知书
CLCG	材料采购单
CLGG	材料采购规格书
FKSQ	付款申请
FKPZ	付款批准书
ZGYS	承包商 / 供应商资格预审
ZBWJ	招标文件（投标邀请）
TBWJ	投标文件
WXD	供应商问询单
FYBG	费用报告
FFPG	费用及方案评估
YSWJ	预算文件（工程）
SGBG	事故报告
XCJC	现场检查报告
BHG	不合格项报告
ZGTZ	整改通知单
YZHY	业主会议纪要
GLHY	项目管理会议纪要
SJHY	设计会议纪要
CCHY	采购及成本会议纪要
SGHY	施工管理会议纪要
ZTHY	专题会议纪要
QTHY	其他会议纪要
SEQD	收文清单
FWQD	发文清单

续表

代码	中文描述
SGZL	施工指令
SGBG	施工报告
SJBG	设计变更单
ZFWJ	政府文件
QTWJ	其他文件

此表根据项目实际情况更新

9.8 资料移交清单

资料移交清单   表 9-7

序号	工作阶段		资料名称	份数			备注
				原件	复印件	领导签批	
1	（一）立项审批	1.1	项目建议书及审批文件				
2		1.2	可行性研究报告及评审文件				
3		1.3	固定资产投资项目审批（核准、备案）文件（含概算批复、前期经费计划、年度投资计划等）	√			
4		1.4	建设项目环境影响评价报告、环境影响审查批复文件以及项目环境影响公示及回复意见	√			
5		1.5	建设项目安全预评价报告	√			
6		1.6	建设项目职业病危害控制效果评价报告、建设项目;劳动安全卫生预评价报告				
7		1.7	社会稳定风险评估				
8		1.8	有关立项的项目评估研究材料、调查资料、专家建议文件等				
9		1.9	政府机构有关工程立项审批或工程建设的决议、批示、会议纪要等	√			
10		1.10	建筑物命名（更名）批复书				
11	（二）建设用地、征地文件	2.1	项目选址意见书、用地预审批复文件				
12		2.2	建设用地拆迁文件（含安置意见、拆迁方案、拆迁协议、拆迁许可等）				
13		2.3	林地使用可行性研究及林地使用许可				
14		2.4	海域使用许可				
15		2.5	用地方案图、宗地图、详细蓝图及审批				
16		2.6	土地使用权出让合同书、补充协议书等建设项目用地文件				
17		2.7	建设用地规划许可证				
18		2.8	红线地界桩放点测量报告				

序号	工作阶段		资料名称	份数			备注
				原件	复印件	领导签批	
19	（三）工程场地勘察文件、测量文件及场地基础性资料	3.1	地形测量				
20		3.2	工程地质勘察报告（含水文地质资料）	√			
21		3.3	工程地质勘察报告（含水文地质资料）专项审查				
22		3.4	工程场地地震安全性评价报告及报告评审意见	√			
23		3.5	地质灾害危险性评估报告	√			
24		3.6	地质灾害危险性评估报告备案				
25		3.7	民用建筑工程土壤氡浓度检测报告				
26		3.8	项目用地周边道路、管线调查、管线探测				
27	（四）方案、初步、施工图设计与审批文件	4.1	设计任务书				
28		4.2	施工图设计文件审查报告及审查合格证书	√			
29		4.3	超限高层建筑工程抗震设防审查批复文件	√			
30		4.4	建设工程初步（方案）设计审查意见书				
31		4.5	建筑工程消防设计审核意见书（含室内装饰）	√			
32		4.6	民防建设意见征询单 / 民防工程功能设计审查意见 / 民防工程核准单	√			
33		4.7	节能、用水节水报告及审批或备案文件				
34		4.8	水土保持方案报告及审批				
35		4.9	排水审批文件				
36		4.10	交通影响评价报告与审核、路口开设、交通设施、交通监控等审核或备案文件				
37		4.11	其他有关职能部门对行政管理内容的项目审查或设计审图文件或备案登记文件				
38		4.12	公共服务基础设施专业公司审图意见（水务、供电、燃气、网络、通信等）				
39		4.13	地铁、航空等特殊控制线内项目报审				
40		4.14	建设工程规划许可证及审批图	√			
41		4.15	主体结构信息及主体结构计算结果、幕墙框架结构计算书				
42		4.16	方案设计、初步设计、施工图设计阶段专家论证意见及会议纪要或专业技术咨询意见报告等				
43		4.17	方案设计、初步设计、施工图、室内装饰灯设计阶段使用方的书面确认书				
44	（五）招标投标与合同管理文件	5.1	建设项目合作开发协议、代建合同	√			
45		5.2	勘察招标投标与合同文件	√			
46		5.3	设计招标投标与合同文件	√			
47		5.4	监理招标投标与合同文件	√			
48		5.5	施工招标投标与合同文件	√			

序号	工作阶段		资料名称	份数			备注
				原件	复印件	领导签批	
49	（五）招标投标与合同管理文件	5.6	材料设备采购与安装招标投标与合同文件				
50		5.7	咨询服务招标投标与合同文件				
51		5.8	其他招标投标与合同文件				
52		5.9	总承包单位分包的专业分包工程施工合同	√			
53		5.10	合同变更材料／合同争议、违约报告及处理意见	√			

注：以下所列文件，有"√"部分为进馆文件，其他文件，除方案与初设图、施工图只归电子文件外，其他文件，建设单位均需归档。

第10章 Chapter 10
医疗建筑前期会务管理

10.1　主要业务工作

会务工作指项目前期阶段的项目启动会、设计例会、专家评审会等重要会议。会务管理主要包括会前、会中、会后的会议管理工作。

以专家评审会为例，医疗项目前期阶段涉及的专家评审会主要包括：一级医疗工艺流程专家评审会、重要学科的二级医疗工艺流程专家评审会（多次）、医院交通组织专家评审会、主要医疗专项设计的专家评审会（多次）、结构选型专家评审会、超限设计及减震专项设计专家评审会等。

会议原则如下：

（1）准时

出席会议尽量准时，无特殊理由不能迟到；

会议结束尽量准时；

活动策划会必须提前 3 ~ 4 天通知。

（2）高效

会议期间，讨论要围绕主题，尽量不做与议题无关的讨论；

会议一定要有成果，讨论要有所结论；

工作安排要适合该部门的属性；

工作安排要落实，必须安排到位，尽可能落实到每一个人。

（3）有条理

会议前一定要确立主题和议程，重视会议程序，并书面打印，发到参会者手上；

会议中尽量按议程进行；

会议期间，专人记录，会议结束后，必须写好总结并整理。

10.2　会务管理工作要点

10.2.1　会议目标明确

会议方案要紧紧围绕工作目标任务，确定会议名称，做好沟通。

10.2.2　会议议程安排得当

确定会议名称、会议规模以及会议时间与会期，根据参会人员总人数提前预订相应规模的会议室。

10.2.3 会议成效实时掌控

会议要有成果，实时做好会议纪要，会后要整理归档。

10.3 会议组织

10.3.1 会前管理

会议是有组织、有目的地召集人们商议事情，沟通信息，表达意愿的行为过程。会议开始之前，需做好以下准备工作：了解会议的议程的内容、对会议议程进行编制、准备会议材料、对会场进行布置等一系列工作。

（1）会议议题提出

1）议题必须紧扣会议目标

议题必须建立在调查研究、实事求是的基础上，尽量避免主观性和片面性，使其科学合理，具有较强的针对性。凡是与会议目标和主题无关或偏离的议题都应删掉。

2）议题数量要适中，不能太多，也不能太少

一次会议议题的数量必须有一定限度，不能为会议罗列许多议题。一般要求"一事一会"，或者至少是"类事一会"。不属于同类的事项，尽量通过不同会议解决，要使参加会议的人员把精力集中到会议的中心议题上，防止会议议题过多，久议不决。

3）各项议题之间保持有机联系，并按照议题解决的逻辑顺序排列

依据议题的逻辑顺序来排序。即前面进行的议题是后面议题的一个逻辑铺垫，不推动议题的讨论。

4）明确讨论各项议题所需的时间

在会议实践中，每一项议题最好都有一个时间限度：并明白地标示出来。这样既可确保大家不会超过规定的时间，又可留出足够的时间，以保证所有被列入的重要议题都能得到充分讨论，从而使会议得以完成预定目标。

（2）编制会议议程

1）会议议程和会议日程的内容及作用

①会议议程的内容

会议议程是为完成议题而做出的顺序计划，即会议所要讨论、解决的问题的大致安排会议主持人要根据议程主持会议。会议议程是会议具体的概略安排，它通过会议日程显示出来。大中型会议的议程一般安排如下：开幕式、领导和来宾致辞、领导做报告分组讨论、大会发言、参观或其他活动、会议总结、宣读决议、闭幕式。

②会议日程的内容

会议日程就是根据议程逐日做出的具体安排，它以天为单位，是会议全程各项活动和与会者安排个人时间的依据。

③会议议程和日程的作用

通过了解会议议程和日程，与会者可以更好地了解会议所要讨论的问题，清楚会议顺序计划，即获得有效信息，会议议程更是一个沟通的平台，一个高效的市场管理工具。

2）会议议程的制定程序

①明确目标和参加者；

②安排各议程事项的时间；

③确定每一项议程；

④决定会议讨论形式。

（3）会议通知

制定各单位（部门）参会人员名单，以书面与电话（口头）相结合的形式，发布会议通知，对通知情况进行登记以便后续跟进，确保参会人员符合法定人数。

对需上会讨论的相关材料，需提前三天发放至参会人员，以便提前熟悉，提高会议决策效率（表10-1）。

*** 会议通知情况跟踪表

表10-1

序号	参会人员	第一次通知	是否确认收到	第二次通知	是否确认收到	上会讨论材料是否收悉	备注
1							
2							

注：1.记录每次通知时间，并对通知是否收到进行登记确认；

2.对需上会讨论材料的发放情况，进行登记

（4）会议材料准备

1）会议资料的类型和准备

①会议资料的类型

来宾资料：会议手册、宣传材料、会议管理性材料。

会议资料：开会的请示、提交会议审批的文件、会上用的文件、会议宣传性文件。

沟通资料：来宾登记表、住宿登记表、用餐分组表、会务组成员通信录。

②会议资料的准备

来宾资料袋内容：会议手册、会议文件资料、分组名单、笔记本、文具、代表证、

房号、餐券等。

会务资料内容：接站一览表、来宾登记表、住宿登记表、用餐分组表、订票登记表、会议讨论分组表、会务组成员通信录。

沟通资料内容：会议参考文件、会议宣传文件资料、各种记录、各种会议协议和合同以及相关资料。

2）会议用品的类型和准备

①会议用品的类型

a. 必备用品和设备是指各类会议都需要的用品和设备。

会议内设备主要包括灯光设备、音响设备、空调设备、通风设备、录音、摄像等设备以及必要的安全设施等。

常用物资有电脑、打印机、复印机、传真机、照相机、摄像机或小型DVD、胶卷、饮用水、一次性水杯、电池、裁纸刀、剪刀、胶带纸、双面胶、回形针、大头针、胶水、白板笔、白粉笔等。

b. 特殊用品是指一些特殊类型的会议所需用品和设备。例如，选举会议、谈判会议、庆典会议、展览会经常需要的特殊用品和设备，如伴奏带、投票箱、旗帜、仪仗队、鲜花等。

②准备会议用品

检查空调设备，必要时做好开机准备，一般要在会议前两小时预热或预冷。

检查好灯光、扩音设备。

检查黑板、白板，确保已擦干净，准备好粉笔、指示棒、板擦等用具。

如有陌生人或外来人参加会议，摆放好姓名牌，注意文字大小适当，清楚易认。

在每人座位前摆放纸笔。

多媒体电视需要安放投影机、屏幕、录音设备等。

如果有选举、表决、表彰的议程，还需要准备好投票箱、计数设备和奖励用品。

会期较长的会议，要安排好茶水饮料，并指定专人服务。

如果是电话、广播会议，须提前检查线路，保证音响效果良好。

（5）会场布置

1）会场整体布局安排

①会议整体布置要求

a. 庄重、美观、舒适；

b. 会议的整体格局要根据会议的性质和形式创造出和谐的氛围；

c. 中大型会议要保证一个绝对的中心；

d. 小型会场要注意集中和方便。

②会场整体布局的类型（图 10-1）

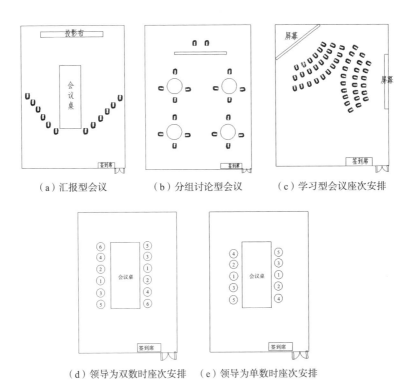

（a）汇报型会议　　　（b）分组讨论型会议　　　（c）学习型会议座次安排

（d）领导为双数时座次安排　　（e）领导为单数时座次安排

图 10-1　会场整体布局类型

③会场整体布局安排的工作程序

a. 确定会场形式；

b. 合理摆放桌椅；

c. 布置附属性设备。

2）主席台的座次和场内座次安排

①主席台座次和场内座次的要求

主席台是与会人员瞩目的地方，也是会场布置工作的重点。各种大中型会议均应设该主席台。座谈会和日常工作会议一般不设主席台或主席桌。无论是否设置主席台要注意使会议主持人面向与会人员，避免同与会人员背向现象。另外，一般会议不把众多的领导人都请上主席台，只请讲话人和主持人即可。

②主席台的座次和场内座次安排

a. 安排主席台的座次。会议主席台就座者都是主办方的负责人、贵宾或主席团成员安排座位时应注意以下惯例：

依职务的高低和选举的结果安排座次。职务最高者居中，然后按先左后右、由前至后的顺序依次排列。正式代表在前居中，列席代表在后居侧。

为工作便利起见，会议主持人有时需在前排的边座就座，有时可按职务顺序就座。

主席台座次的编排应编制成表，先报主管上司审核，然后贴于贵宾室、休息室或主席台入口处的墙上，也可在出席证、签到证等证件上表明。

在主席台的桌上，于每个座位的左侧放置姓名台签。

b. 安排场内其他人员的座次

小型会场内座位的安排。分清上下座，一般离会场的入口处远、离会议主席位置近的座位为上座；反之，为下座。会议的主持人或会议主席的位置应置于远离入口处正对门的位置。

中大型会场内座次的安排。常见的安排方法有三种。

·横排法。是按照参加会议人员的名单以及姓氏笔画或单位名称笔画为序，从左至右横向依次排列座次的方法。

·竖排法。是按照各单位成员的既定次序或姓氏笔画从前至后纵向排列座次的方法。将正式代表或成员排在前，职务高者排在前，列席成员、职务低者排在后。

·左后排列法。是按照参加会议人员姓氏笔画或单位名称笔画为序，以会场主席台中心为基点，向左右两边交错扩展排列座位的方法。

10.3.2 会中管理

（1）会议值班工作的内容和意义

1）会议值班工作的内容

①值班电话记录。

②值班接待记录。

③值班日记。

④做好信息传递。

2）会议值班的意义

会议值班起着沟通上下、联系内外、协调左右的作用，保证了会议的顺利进行。

（2）安排会议值班的工作程序

1）制定值班工作制度

①信息处理制度。

②岗位责任制度。

③交接班制度。

2）明确值班工作任务

①在会议中协助搜集有关情况、文件和资料，传递各种信息。

②要加强与会议无关人员出入会场的控制。

③手边要有各部门领导的联络方式，以便出了问题及时与之联络、请示。

④要备有一份设备维修人员、车队调度人员和食宿等后勤服务部门主管人员的电话通信录。

⑤要坚守岗位，保证会议信息的畅通无阻。

⑥必要时，要负责督导和协助专职会议服务人员为与会者做好各项具体的服务。

⑦做好会议期间各项活动与各种矛盾的协调工作。

⑧必要时，应建立主管领导带班制度。

3）编制会议值班表

会议值班表应包括以下内容：

①会议值班时间期限和具体值班时间。

②会议值班人员姓名。

③会议值班的地点，并在会议须知上注明会议值班室的房间号。

④会议值班负责人姓名或带班人姓名。

⑤用简明的文字表明值班的工作内容。

⑥表明人员缺勤的备用方案或替班人员的姓名。

（3）做好会议的记录工作和简报工作

1）会议记录的内容

①会议描述。

②与会者姓名。

③缺席者请假条。

④宣读上次会议记录。

⑤有会议记录中产生的问题。

⑥通信记录。

⑦一般事务。

⑧其他事务。

⑨下次会议日期。

⑩主席签名。

2）会议记录的要求

①速度要求。

②真实性要求：准确；清楚；突出重点。

③资料性要求。

3）会议记录的工作程序

会议记录的结构是：标题＋正文＋尾部。

①标题，一种是会议名称＋文种，另一种是文种；

②正文，首部＋主体＋结尾；

③尾部，右下方写明"主持人：（签字）"、"记录人：（签字）"。

（4）做好会议的简报工作

1）会议简报的内容

会议简报要迅速反映会议的实际情况，交流会议的经验，沟通会议的信息，要反映出会议的新情况、新问题、新经验、新见解、新趋势，更好地对会议起到指导和沟通作用。

2）会议简报的要求

①真实准确。

②短小精干。

③快是简报的质量体现。

④生动活泼。

3）会议简报的工作程序

①会议简报的内容。

②会议简报的结构。

10.3.3　会后管理

（1）会场收拾

关闭设备，包括投影、空调及灯光等。

回收会议用品，包括激光笔、签到表、会议资料。

（2）会议纪要撰写

会议召开后，应在两日内完成会议纪要撰写；会议纪要中需明确会议决议、下阶段工作要求（责任人、工作内容、提交时间）。

会议纪要撰写的"三性"原则：

1）内容的纪实性。会议纪要应如实反映会议内容，不得离开会议实际搞再创作。

2）表达的提要性。会议纪要应根据会议情况综合而成，应围绕会议主旨及主要成果进行整理、提炼和概括，重点在介绍会议成果。

3）称谓的特殊性。会议纪要采用第三人称写法。会议纪要常以"会议"作为表述主体，使用"会议认为""会议指出""会议决定""会议要求""会议号召"等惯用语。

（3）会议纪要的签发

需经项目组审核确认，呈报分管领导审核通过后方可签发。

10.4　会议精神的督办

10.4.1　督办范围

会议中讨论确定的会议内容，明确落实责任人，并由专人负责跟踪落实。依据会议纪要，跟踪工作推进情况，在下次例会前，落实完成情况。

责任人应按：系统把握问题→分析问题→寻找问题突破口→提出解决方案→明确责任人→跟踪落实→及时反馈→总结提高的方法，完成会议要求整改落实的内容，并在下一次会议中对落实情况进行汇报。

10.4.2　督办原则

1）围绕中心的原则。开展督查工作，要紧紧围绕各自的中心工作和阶段性重点工作以及领导关注的工作进行。

2）领导负责的原则。督办事项的进展情况要及时报告领导，遇有问题要及时提请有关领导出面协调，及时排除阻力，确保达到督办效果和事项的过程控。

3）分工合作的原则。坚持一级抓一级、一级对一级负责，分工协作，密切配合，发挥整体督办效能，做到事事有着落、件件有回音。

4）实事求是的原则。督办人员必须深入实际，调查研究，全面、准确地了解情况，讲真话、报实情。在督查中做到坚持原则，秉公办事，善于发现问题，敢于反映问题。

5）注重实效的原则。要把注重实效贯穿于督查工作的全过程。对列入督查范围的事项，要讲效率、求质量，通过督查督办，切实推动工作进展。

6）督查督办人员要不断提高自身的政治素质和业务素质，充分了解领导的决策意图、工作思路，认真领会领导批示、交办事项的精神。

10.5　会议纪律及要求

基于项目前期各类会议是项目前期部、施工管理部门、招标合约部以及工程参建各方集中落实工作安排、及时协调解决工程中存在问题的主要途径之一，对加强机构内各部门、参建单位之间的协作及配合，以及保障工程建设顺利进行至关重要。

1）各类例会为工程建设期间定期召开的会议，未得到会议组织部门另行取消、推迟召开的通知时，要求参会人员一律自觉按规定的时间、地点准时参会，同时作好会前的各项准备工作，会议组织部门负责提前落实会场的各项准备工作，当开会地点、时间等因故发生变动时，组织部门应提前电话通知各参会单位。

2）针对不定期召开的专题会议，组织部门应及时就会议议题、会议时间、参会前需提前准备的相关工作等及时通知参会单位及人员，并跟踪检查、落实会议准备情况，保证会议质量。

3）无论是例会还是各类专题会，各参会单位及人员务必严肃认真对待，针对会议制度或会议通知中要求参会单位提交的相关会议准备材料，均应按规定时间提交至会议组织部门，以确保会议质量。

4）所有既定参加会议的人员均应本着高度严谨的态度准时参会，不得无故迟到、缺席。

10.6　设计例会会务管理范例

10.6.1　会前管理

1）确定会议时间、参会人员、主持人员并预订会议室；

2）发布会议通知（提前三天发）

如：关于召开××项目第×次设计例会的通知

会议时间：×月×日（周×）××：××

会议地址：政府投资项目建设管理机构××会议室

会议主持：××部长

参会人员：项目组工程师、各参建单位负责人……

会议议题：

（1）上周工作进展汇报；

（2）……汇报及讨论（如有方案汇报，亦可规定汇报时间）；

（3）……

（4）下周工作安排。

会议联系人及电话：×××

3）会议材料准备

①收集各部门需上会讨论材料，并提前三天发送至参会人员。

②跟踪会议通知及上会讨论材料的送达情况，并进行核对记录（表10-2）。

第 ** 期设计例会会议通知情况跟踪表　　　　　　　　表 10-2

序号	参会人员	第一次通知	是否确认收到	第二次通知	是否确认收到	上会讨论材料发送方式（邮件/纸质）	上会讨论材料发送方式
1	A	3月1日口头通知	是				是
2	B	3月1日书面通知	否	3月2日口头通知	是		是

注：1. 记录每次通知时间，并对通知是否收到进行登记确认

　　2. 对需上会讨论材料的发放情况进行登记

③收集各部门上周工作完成情况及存在的问题，并进行汇总归纳整理《上周工作安排完成情况》（表10-3）。

上周工作安排完成情况表　　　　　　　　表 10-3

序号	上周工作内容	落实情况	存在问题	解决思路	备注
1					
2					
3					

④签到表、笔记本电脑、照相机、投影、麦克风、激光笔等准备；并对准备情况进行核查（表10-4）。

会议准备情况核查表　　　　　　　　表 10-4

		设计管理例会	会议准备情况
会议策划	确定会议名称、议题、议程	√	
	确定参会单位及人员	√	
	确定时间、地点	√	
	编制及发布会议通知	√	
	提前沟通	×	
会务准备	预约会议室	√	
	汇报PPT及书面材料领导确认	×	
	签到表	√	
	以往会议纪要	√	
	打印名牌	×	
	笔记本电脑	√	
	激光笔	√	

续表

		设计管理例会	会议准备情况
会务准备	录音笔	√	
	投影仪	√	
	话筒	×	
	矿泉水	√	
会场布置	扩音设备调试	√	
	投影设备调试	√	
	会务资料分发	√	
	会场温度调节（空调）	√	
	激光笔分发	√	
	茶水布置（注意及时补水）	√	
	纸巾布置	√	
	名牌摆放	×	
会中工作	留意领导需求	×	
	留意会场情况	×	
	拍照	√	
	录音	√	
	会议记录	√	
会后工作	会议纪要	√	

⑤会议相关文件准备

《签到表》《×××会议安排》《上周工作安排完成情况》及其他会议必需打印的文件

4）会议现场布置，提前十分钟连好投影设备

10.6.2　会中管理

1）组织签到、安排就座（参见图10-1）；

2）跟踪未及时到会人员情况，登记缺席情况；

3）纸质会议材料发放；

4）会议记录；

5）会议拍照、录音。

10.6.3　会后管理

1）会场收拾；

2）会议纪要撰写、审核及签发；

3）会议精神督办。

医疗建筑施工准备阶段管理

11.1 施工准备阶段管理概述

该施工准备阶段为建设方角度的施工准备，而非常规理解意义上施工方的施工准备，两者考虑角度不同，内容和性质以及注重的点也是不同的，施工准备的管理不是一成不变的。不同医院项目可能实施的方式各有不同，有的项目整体打包发包施工，而有的可能由于图纸设计进程问题分阶段（基础、主体及装饰等）组织发包施工，因此施工准备管理亦有整体和分阶段管理策划情形，施工准备管理是工程项目建设管理的一个重要组成部分，是工程项目成功的前提因素，我们对工程前期进行系统策划，就是要提前为工程实施形成良好的工作基础、创造完善的条件，使施工准备管理在目标定位上完整清晰，从技术层面上使其趋于合理，从组织方面使其更加严密周全，从协调管理方面使其更加灵活并有一定的弹性，从而保证实现工程顺利开工的可能性，全过程把控方向性文件，施工准备管理策划编制应是一个动态的、不断完善的过程。施工准备管理策划工作优劣也必将影响整个工程项目实施结果的优劣，所以做好施工准备管理是非常重要的。

11.1.1 施工准备管理的组织机构

工程项目负责人：全面负责协调统筹安排工程管理相关工作，定期汇报工程管理情况，了解机构顶层对工程管理的要求和工作指示，并且将相应的要求和指示精神及时传达落实到下一层级管理组织；对工程部工作制定总体计划，对内部人员职责分工给出明确安排，制定内部、外部的管理制度和相应的工作考核评定管理办法；组织召开部门工作会议。

主任工程师：负责工程现场和工程相关的外部组织、协调工作，协助工程项目负责人做好日常工程管理事宜。将工作任务细化、具体化、可操作性强，例如图纸审查工作，首先要明确部门派谁（具体到哪个人）组织或参与图纸审查，定时向部门负责人汇报工程管理情况；组织召开相关的工程协调会。

专业工程师：负责本专业相关的工程技术、质量、资料、进度、安全等管理工作，协助主任工程师做好日常工程管理，定时向项目负责人和主任工程师汇报自己的工程管理情况；组织召开本专业专题会议。

工程现场代表：应作为项目业主代表常驻工地现场，实时管理、掌握工地现场动态，及时向后台管理部传递、汇报工程现场情况，代表业主组织或参加工地现场各类会议，代表业主签署一些工程相关原始记录。

11.1.2 施工准备管理的时间范围

业主方的施工准备管理应从招标投标阶段开始到工程正式开工期间（一般），分期或平行发包实施的医院项目，施工准备管理时间会横跨整个施工期间。

具体可分为以下情形：

1）分期实施的医疗项目。如先行施工门诊医技楼及部分住院楼，随门诊量日益增加，后续实施二期或三期工程剩余的住院楼、科研楼及行政办公楼等设施。

2）平行发包的医疗项目。如土石方和基础工程单独发包，建筑安装工程单独发包、精装修及医疗专项工程单独发包。

3）项目整体发包的医疗项目。该模式为施工总承包，包含项目建设的全部内容。

11.1.3 施工准备管理的工作内容

施工准备管理的内容有外部环境施工准备和工程本身施工准备两大部分。外部环境准备包含相关单位关系协调和开工条件手续办理。工程本身的施工准备有现场的"三通一平"、场地临时建筑（围墙、道路）、技术准备（图纸、方案审查、工程师代表）等。

施工准备管理具体包含以下内容（包括但不仅限）：

1）工程建设配套申请

主要包括供电（变更用电申请、临时用单申请）、给水（接水申请、临时施工用水申请）、排水（排水接管许可证明申请、排水许可证申请、临时排水申请）、燃气（燃气新装、燃气设施改动许可申请）、道路管线掘路、电信和智能化等方面的报批手续申请。

2）组织工程建设配套现场施工工作

包括但并不仅限于常规的给水、排水、通电、通路、通信、暖气、天然气接入以及场地平整等。

3）组织场地（坐标、高程、临电和临水）移交

①根据合同要求，组织移交场地，包括坐标、高程、临时用电和临时用水等，并做好相关记录及签字确认工作。

②若在移交中，发现部分场地条件或设施不符合合同约定，则督促相关单位落实，并重新移交。

4）组织规划验线

①建设场地控制灰线测设后，要求工程监理单位进行复核。

②符合要求后，组织规划部门进行验线工作。

11.1.4 施工准备管理的要素

除了"人、机、料、法、环"五大要素，还有相关协调机制，工程例会制度、专题会议制度、特殊专项施工方案专家评审论证制度、重大问题多方会商制度、文明标化及优质工程参观学习制度、工程质量安全评价和合同履约评价考核机制、人员技术岗位审查制度、机械进场报验制度、材料进场验收制度、各类施工方案审查制度、安全文明施工考核制度以及第三方检查评比制度等。

11.1.5 施工准备管理的工作目标

施工准备管理的工作目标就是为搭建工程开工的一些基础环境（现场的、内业的所有涉及的主客观条件），使工程具备开工的必要条件，构建一个条件到位、组织有序、安全文明的现场开工环境，为下一步能顺利开始施工打下良好的基础。

11.2 施工准备阶段管理的重、难点及注意事项

11.2.1 相关部门间的组织协调

总体的协调机制的建立要以建设方的真实意图、实际需求和对工程建设的相关要求为目标，但是实际工作中要达到这样的目标存在诸多问题，例如勘察设计单位会出于自身利益或该单位整体工作量考虑，造成设计成果的质量良莠不齐，此类情形同样会出现在施工、监理、咨询单位身上，所以这就要求建设单位在制定总体管理规划时应充分考虑到各参建单位的利益平衡，并建立完善的组织协调机制来实现项目的同一建设目标。

11.2.2 重要材料、构配件的管理

按照项目的开工条件列出主要、重要的材料清单，事前建立品牌库清单和主要技术指标要求，从原材料把控源头抓起，重点工作就是主要材料的进场、使用前的审查验收、建立台账和禁用黑名单等。

11.2.3 大型机械使用前安全管理

梳理各施工阶段需使用的大型机械设备，采取清单式管理，制定相应的机械管理制度，机械进程验收制度，机械安全使用方案审查制度，机械安全检查制度，机械使用登记备案及台账制度。

如土石方及基础工程施工阶段的大型机械和危险性较大的机械清单见表11-1。

大型机械及危险性较大机械清单　　　　　　　　　表11-1

序号	机械名称	使用部位、阶段	危险性警示	安全措施	责任人	备注
1	挖掘机					
2	泥头车					
3	桩基机械					
4	移动式吊装机械					
5	塔式起重机机械					
6	混凝土泵车					

11.2.4　重要专项施工方案、计划的管理

制定施工专项方案、计划的编制责任制度、审查审批制度、检查验收落实制度、备案登记及台账制度。

如土石方及基础工程施工阶段的重要专项方案、计划清单见表11-2。

重要专项方案、计划清单　　　　　　　　　表11-2

序号	方案名称	时间、阶段	审查重点	方案编制方	责任人	备注
1	施工组织设计					
2	临时设施方案					
3	临时用电方案					
4	施工总平面布置					
5	临时消防设施布置					
6	分包计划					
7	总进度计划					
8	年度施工计划					
9	土方开挖施工方案					
10	深基坑施工方案					
11	高边坡方案					
12	石方爆破施工方案					
13	塔吊方案					
14	BIM技术应用计划、方案					
……	……	……	……	……	……	……

11.3　施工准备阶段管理的总结

　　总体而言施工准备管理在整个项目建设全过程中占据了举足轻重的作用，它是项目前期建设所有准备工作和项目建设动工的中间纽带，项目建设的施工准备管理要做足功课、合理规划，使其富有专业性、指导性、科学性、合理性、可操作性等，用以指导项目建设管理团队的项目管理工作，确保各个阶段每项施工活动的顺利开工。

第12章 Chapter 12

结语

　　项目前期管理是建设工程项目管理的重要组成部分，众多项目的实践证明，科学、严谨的项目前期管理策划是项目管理决策和实施增值的基础。由于我国项目建设基本程序规定的项目建议书、可行性研究存在一些问题，例如项目建议书没有足够的深度，不能确定项目最终的建设规模、投资以及功能；还有可行性研究更多的是可审批性研究，其真实性、可靠性和可行性分析不足，导致项目的定位、实施战略等决策不符合项目实际建设要求。项目前期是项目建设方构建项目意图、明确项目目标的重要阶段，是制定项目管理实施方案，明确项目管理工作任务、权责和流程的重要时期。针对项目建议书、可行性研究存在的上述不足，项目建设方更需要在项目前期明确为什么要做、做什么以及怎么做等问题，为项目的决策和实施提供全面完整的、系统的计划和依据。

　　大型医疗项目由于使用功能需求定位高、社会影响力大、医疗工艺流程复杂、医疗专项多，但以往很多的医疗项目由于不重视项目前期管理，导致医疗项目存在功能定位不清晰、医疗工艺流程不合理、医疗专项设计缺漏等诸多问题，最终在施工过程中不断地产生设计变更，造成项目工期和投资的不断增加。

　　本书结合某2000床医院的项目前期管理实践，对大型医疗项目业主方前期管理工作进行了详细的总结，希望对提高同类型项目建设品质和效率方面起到积极的作用。